供水技术系列教材
GONGSHUI JISHU XILIE JIAOCAO

GONGSHUI ZIDONGHUA YU YIBIAO

供水自动化与仪表

主　编　杨士发　吴　强　常　颖

副主编　杨妙娟　尹昭华　麦永晖

华南理工大学出版社
SOUTH CHINA UNIVERSITY OF TECHNOLOGY PRESS

·广州·

内容简介

本书共八章，前四章为第一篇，主要内容是阐述自动控制系统基本知识，介绍作为主流控制产品的可编程序控制器的基本知识及实例，列举自动控制系统在给水处理工程中的应用及实例，包括辅助监控系统；后四章为第二篇，主要内容是阐述仪表与计量的基本知识以及水厂在线水质监测仪表的检测原理、日常维护、故障处理、校准等知识，介绍水厂常用测量仪表，包括电工仪表以及流量、物位、温度、压力等测量仪表。

图书在版编目 (CIP) 数据

供水自动化与仪表/杨士发，吴强，常颖主编. —广州：华南理工大学出版社，2014.6
供水技术系列教材
ISBN 978 – 7 – 5623 – 4230 – 4

Ⅰ.①供⋯ Ⅱ.①杨⋯ ②吴⋯ ③常⋯ Ⅲ.①给水系统 – 自动化 – 技术 – 教材 ②给水设备 – 计量仪器 – 技术 – 教材 Ⅳ.①TU991.62 ②TU991.63

中国版本图书馆 CIP 数据核字 (2014) 第 089392 号

供水自动化与仪表

杨士发 吴 强 常 颖 主编

出 版 人：韩中伟
出版发行：华南理工大学出版社
（广州五山华南理工大学 17 号楼，邮编 510640）
http://www.scutpress.com.cn E-mail：scutc13@ scut.edu.cn
营销部电话：020 – 87113487 87111048 （传真）
策 划：林起提 吴兆强
责任编辑：吴兆强
印 刷 者：广州市穗彩印务有限公司
开 本：787mm×1092mm 1/16 印张：10.75 字数：276 千
版 次：2014 年 6 月第 1 版 2014 年 6 月第 1 次印刷
印 数：1～1500 册
定 价：22.00 元

序

在一个城市里，给水系统是命脉，是保障人民生活和社会发展必不可少的物质基础，是城市建设的重要组成部分。近年来，我国已成为世界城市化发展进程最快的国家之一，今后一个时期，城市供水行业发展也将迎来新的机遇、面临更大的挑战，城市发展对供水行业提出了更高的要求，我们必需坚持以人为本，不断提高人员素质，培养一批优秀的专业技术人员以推动供水行业的进步，从而使整个供水行业能适应城市化发展的进程。

广州市自来水公司，作为国内为数不多的特大型百年供水企业，一直秉承"优质供水、诚信服务"的企业精神，同时坚持"以科技为先导，以人才为基础"的发展战略，通过各类型的职工专业技能培训，不断提高企业职工素质，以适应行业发展需求。

为了进一步提高供水行业职工素质和技能水平，从2011年起，广州市自来水公司组织相关专业技术人员，历经3年时间，根据《城市供水行业2010年技术进步发展规划及2020年远景目标》要求，针对我国城市供水行业现状、存在问题及发展趋势，以"保障安全供水、提高供水质量、优化供水成本、改善供水服务"为总体目标，结合广州市中心城区供水的具体特点，按照"理论适度、注重实操、切合实际"的编写原则，编制了本系列丛书，主要包括净水、泵站操作、自动化仪表、供水调度、水质检验、抄表收费核算、管道、营销服务、水表装修等九个专业。

本次编写的教材可以用于供水行业职工的岗前培训、职业技能素质提高培训，同时也可作为职业技能鉴定的参考资料。

王建平

2014 年 10 月

前　言

近年来，随着国民经济的持续、高速发展，城市水资源普遍受到污染，自来水厂原有取水水源水质进一步恶化。同时，水源突发污染事故频发及人们生活水平的不断提高，促使公众对饮用水水质安全给予越来越多的关注。为此，国家卫生部和标准委员会于2006年12月联合发布了新国标——《生活饮用水卫生标准》GB5749—2006，水质指标由原来的35项增加至106项，全部指标于2012年7月1日实施。

新国标对饮用水水质提出了更高要求，国内相当数量的供水企业由于水源水质变化、生产工艺水平落后、设施陈旧老化、处理能力不足、设计建造不够合理、自动化程度不高等多种原因，供水水质难以满足新国标要求。于是，自新国标发布以来，我国自来水行业迎来了技术改造的新高潮。

新国标的实施使自来水行业迎来了历史性的发展契机，加快了自来水企业升级改造的步伐，使得近年来在净水工艺、自动化控制、水质仪表、水泵设备以及管道技术等向新工艺、新技术、新设备方面发展迅猛，各企业的技术改造的实施，已使自来水厂的生产管理发生变化，为适应新形势发展，确保自来水企业从业人员熟练掌握水厂改造后的新技术和新工艺而编写了本教材，教材结合生产实际，便于自来水厂从业人员学习和使用，对职工在日常运行操作与管理过程中解决生产实际问题具有一定的指导作用。

本书的编写，可加强职工净水、生产运行管理以及设备维护培训，提高员工素质和技术水平，结合生产全过程监控体系，建立标准化的运营机制，对确保安全、稳定、优质、低耗供水起到积极的作用。

本书第一篇由杨妙娟、麦永晖编写，第二篇由尹昭华、胡跃华、温琦亮、李凡玉、杨妙娟、麦永晖编写。在编写过程中，参考了有关文献和教材，在此向这些文献及教材的作者一并致以诚挚的谢意。

《供水自动化与仪表》编写组
2014年3月

目　录

第一篇　自动控制系统

第二篇　水质监测仪表及水厂常用测量仪表

第一篇　自动控制系统

第一章　自动控制系统基本知识

第一节　自动控制系统概述

一、自动控制系统的组成

自动控制系统是指能够对被控制对象的工作状态进行自动控制的系统。它一般由控制装置和被控对象构成。

1. 控制装置

控制装置是指对被控对象起控制作用的设备总体。例如，有用来测量温度、压力、流量或运动物体（如飞行器）姿态等物理量的测量设备；有对位移、速度、加速度或电流、电压等物理量进行变换和放大的变换、放大设备；有操纵被控对象的执行设备。

2. 被控对象

被控对象是指要求实现自动控制的机器、设备或生产过程，例如机床、机器人、飞行器以及工业生产过程等。

二、控制系统的发展概况

工业控制系统的发展经历了简单仪表系统、电动单元组合仪表系统、集中控制系统和集散控制系统几个阶段。20 世纪 80 年代中期以后，可编程控制器（Programmable Logic Controller，PLC）进入工业控制领域并逐渐发展，出现了将控制技术、计算机技术和网络技术结合的新一代控制技术——现场总线控制系统（Fieldbus Control System，FCS）。FCS的出现标志着工业控制技术领域新时代的开始。

近年来，先进过程控制（Advanced Process Control，APC）由于可使生产过程在最佳技术经济状态下运行而颇受企业青睐。APC 控制策略主要有多变量预测控制、推理控制及软测量技术、自适应控制、鲁棒控制以及智能控制等。

现代控制技术的另一延伸是故障检测与诊断技术，通过对系统或主要设备运行状态实时监测数据的分析发现异常状态，判别异常状态的产生原因，辨识故障点，对潜在故障源和不安全因素实现预测和预警。

三、我国水厂自动控制系统的发展过程

我国水厂自动控制系统的发展过程可分为三个阶段：第一阶段是分散控制阶段，该时期水厂对被控对象分别进行自动控制，各个子系统独立运行；第二阶段是水厂综合自动化阶段，整个水厂建立一个综合的自动控制系统，各个子系统可以独立工作，形成集中管理、分散控制的控制模式；第三阶段是供水系统的综合自动化阶段，该阶段要求在一个区域的供水企业共享信息，实现整个城市或地区供水系统的自动控制。目前我国的中小型水

厂大部分处于第一或第二阶段，只有很少大型水厂达到了第三阶段。在国外，如加拿大、美国等发达国家基本实现了供水系统的全自动化，而且开始进行分质供水，同时对水厂内部的自控系统也在不断地改进和提高。

当前水厂采用的自动控制系统的结构形式，从自控的角度可以划分为：数据采集与监视控制系统（Supervisory Control and Data Acquisition，SCADA）；集散型控制系统（Distributed Control System，DCS）；IPC + PLC（Industrial Personal Computer & Programmable Logic Controller）系统，即工业个人计算机与可编程逻辑控制器构成的系统等。

SCADA 系统组网范围大，通信方式灵活，但实时性较低，对大规模和复杂的控制实现较为困难。DCS 系统则采用分级分布式控制，在物理上实现了真正的分散控制，且实时性较好，但应用软件的编程工作量较大，对开发和维护人员要求较高，开发周期较长。IPC + PLC 系统既可实现分级分布控制，又可实现集中管理、分散控制。而且 PLC 本身可靠性高，组网、编程和维护方便，开发周期短，系统内的配置和调整又非常灵活，可与工业现场信号直接相连，易于实现机电一体化。因此，IPC + PLC 系统成为当今水厂自动控制系统的主要结构形式。

第二节 自动控制系统的分类方法

自动控制系统有多种分类方法，常见有以下几种。

一、根据有无反馈作用分

（一）开环控制系统

如果系统只是根据输入量和干扰量进行控制，而输出端和输入端之间不存在反馈回路，这样的系统称为开环控制系统，如图 1 - 1 所示。

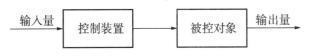

图 1 - 1 开环控制系统框图

开环控制系统是由前馈通路构成，由一定的输入量产生一定的输出量，控制系统的输出量就是被控制量，它的期望值一般是系统输入量的函数。如果由于某种干扰作用使输出量偏离原始值，它没有自动纠偏的能力。如果要进行补偿，就必须再借助人工改变输入量。所以开环系统的控制精度较低。但是如果组成系统的元件特性和参数值比较稳定，而且外界的干扰也比较小，则这种控制系统也可以保证一定的精度。开环控制系统的最大优点是系统简单，成本低廉。一般都能稳定可靠地工作，因此对于要求不高的系统可以采用。

在图 1 - 2 所示的液位控制系统中，H 为液面高度（又称液位），控制目标是保持液面高度不变。当阀门 V_1 的开度变化时，输出流量发生变化，液位 H 变化，为了保持 H 不变，必须控制阀门 V_2 的开度来改变输入液体的流量。但在开环系统中，系统的输出量没有反馈回来与输入量进行比较，液位 H 的变化不会自动使阀门 V_2 开度发生变化，也就是说系统的输出量（液位）对系统的控制作用（输入液体流量）没有任何影响。开环控制中对于被控系统的每一个输入信号必有一个系统的固定的工作状态和输出量与之对应，如上述液位系统，如果输入流量一定，液位高度就有一个固定值与之对应。因此，开环系统无法减小或消除由于扰动（上例中的液体输出流量）的变化而引起输出量（实际液位）与其希望值（设定液位）之间的误差。

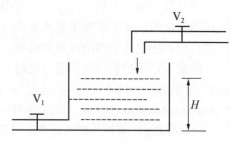

图 1 - 2　液位控制系统示意图

（二）闭环控制系统

如果系统的输出端和输入端之间存在反馈回路，输出量对控制过程产生直接影响，这种系统称为闭环控制系统，如图 1 - 3 所示。闭环控制系统是由前馈通路和反馈通路构成，这里，闭环的作用就是应用反馈来减少偏差。因此，反馈控制系统必是闭环控制系统。

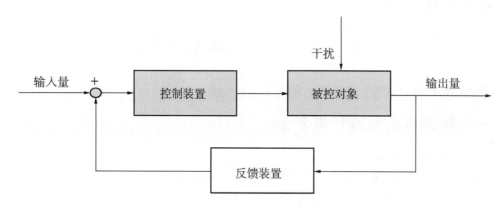

图 1 - 3　闭环控制系统框图

闭环控制系统的突出优点是控制精度高，抗干扰能力强，只要被控制量的实际值偏离给定值，闭环控制就会产生控制作用来减小这一偏差。闭环控制系统也有它的缺点，这类系统是靠偏差进行控制的，因此，在整个控制过程中始终存在着偏差，由于元件的惯性（如负载的惯性），若参数配置不当，很容易引起振荡，使系统不稳定而无法工作。所以，在闭环控制系统中精度和稳定性之间总会存在着矛盾，必须合理地解决。

一般来说，闭环控制系统由以下几部分组成：

（1）给定元件：用来产生给定信号或输入信号，是进行物理量大小和性质变换的元件。

（2）反馈元件：它测量被控制量或输出量，产生主反馈信号。一般，为了便于传输，主反馈信号多为电信号。因此，反馈元件通常是一些用电量来测量非电量的元件。例如，用电位器或旋转变压器将机械转角换为电压信号；用测速发电机将转速变换为电压信号；用热电偶将温度变换为电压信号和用光栅测量装置将直线位移变换为数字电信号等。

（3）比较元件：用来接收输入信号和反馈信号并进行比较，产生反映两者差值的偏差信号。例如电压比较器、运算放大器等。

（4）放大元件：对偏差信号进行放大的元件。例如，电压放大器、功率放大器、电液伺服阀、电气比例/伺服阀等。放大元件的输出一定要有足够的能量，才能驱动执行元件，实现控制功能。

（5）执行元件：直接对受控对象进行操纵的元件。例如，伺服电动机、液压（气）马达、伺服液压（气）缸等。

（6）校正元件：为保证控制质量，使系统获得良好的动、静态性能而加入系统的元件。校正元件又称校正装置。串接在系统前馈通路上的称为串联校正装置；并接在反馈回路上的称为并联校正装置。

尽管一个控制系统是由许多起着不同作用的元件所组成，但从总体来看，比较元件、放大元件、执行元件和反馈元件等共同起着控制作用，而剩余部分就是受控对象。因此，任何控制系统也可以说仅由控制部分和受控对象两部分组成。一般认为扰动信号不是由控制部分产生的，而是由系统的外部环境或内部因素造成的，它集中地表现在控制量与被控制量之间的偏差上。而闭环控制系统就是按偏差进行自动调节的，所以，闭环控制的一个核心思想就是反馈。

闭环控制是自动控制系统工作的主要方式。用它可以实现准确控制，例如在上述液位控制系统中如果加上一个液位 H 的自动测量与比较装置，如图 1-4 所示，阀门 V_1 开度变化引起输出液体流量和液位变化时，通过对液位的测量和比较，可得到实际液位与给定值的偏差，这个偏差信号通过执行部件

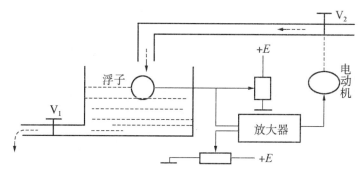

图 1-4　液位控制闭环系统示意图

（图中的伺服电动机）反过来使控制输入液体流量的阀门 V_2 开度作相应的变化，从而把液位又调整到原来的高度。当然这种调整需要一个过程和一定的时间，一般这个时间不会太长。显然，这是一种利用偏差进行控制的系统。

按偏差控制的闭环系统，需要控制的是控制对象中的被控量，而需要测量的是被控量与给定值之间的偏差。因此不论这种偏差是由扰动造成的还是由于结构参数的变化引起的，只要被控量出现偏差，系统便自行纠偏。这种系统从原理上提供了实现高精度控制的可能性。在闭环控制系统中，控制信号往复循环，沿前馈通路和反馈通路不断传送，所以按偏差控制的系统又称反馈控制系统。这是自动控制系统中最基本的系统。

（三）复合控制系统

当要求实现复杂且精度较高的控制任务时，可将开环控制系统和闭环控制系统适当地结合起来，组成一个比较经济且性能较好的复合控制系统。如图 1-5 所示。

由图 1-5 可见，复合控制是开环控制与闭环控制相互配合的系统。系统按开环进行粗调，而以闭环进行细调（或称校正），兼有开环控制动作迅速、闭环控制精度高的优点。复合控制系统实质上是在闭环控制系统的基础上，附加一个输入量或干扰作用的前馈

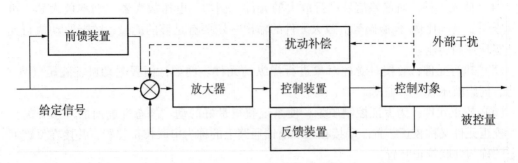

图 1-5 复合控制示意图

通路来提高控制精度。前馈通路通常由对输入量的补偿装置或对干扰作用的补偿装置组成，分别称为按输入补偿和按干扰作用补偿的复合控制系统。复合控制系统中的前馈通路相当于开环控制，因此，对补偿装置的参数稳定性要求较高，否则，会由于补偿装置的参数漂移而减弱其补偿效果。此外，前馈通路的引入，对闭环系统的性能影响不大，但却可以大大提高系统的控制精度。

水厂最常见的复合环控制是氯气投加复合环控制，即按照水流量和余氯进行的复合控制，或双重余氯串级控制等。它是双信号前馈控制，一个流量信号和一个余氯信号由 PLC 提供给控制器，根据水的流量随时对传感器的位置进行调整，同时 PLC 把余氯分析仪的反馈信号给控制器，并与设定好的余氯值进行比较，经过一定的滞后时间后作出调节，直到实际值和设定值符合为止。前馈反馈复合环控制就是按前馈流量比例和余氯反馈进行复合调节，前馈比例调节可以迅速地调整由于处理水量变化产生的氯需求变化；反馈调节可以对余氯偏差进行更准确的修正，调整特性较简单，反馈控制有所改善。

二、按输入量的特征分

(一) 定值控制系统

这种控制系统的输入量是一个恒定值，一经给定，在运行过程中就不再改变（但可定期校准或更改输入量）。定值控制系统的任务是保证在任何扰动下系统的输出量为恒定值。

目前，水处理工艺过程中的 pH 值、余氯、浊度、溶解氧以及流程工业常用的温度、液位、流量、压力等参数的控制，均属此类。这类系统是工业自动化系统的主流。

(二) 程序控制系统

这种系统的输入量不是一个恒定值，但其变化规律是预先知道和确定的。可以预先将输入量的变化规律编成程序，由该程序发出控制指令，在输入装置中再将控制指令转换为控制信号，经过全系统的作用，使被控对象按指令的要求而运动。在色谱仪等大型精密分析测试仪器中的程序升降温控制系统就是典型应用。

近年来，程序控制系统应用日益广泛，一些定型的或非定型的程控装置越来越多地被应用到生产中，微型计算机的广泛应用也为程序控制提供了良好的技术改进与有利条件。

(三) 随动控制系统

这种系统的特点是给定值不断地变化，而且是随机变化。随动系统的目的是使所控制的工艺参数准确而快速地跟随给定值的变化而变化。控制指令可以由操作者根据需要随时发出，也可以由目标物或相应的测量装置发出。

机械加工中的仿形机床和武器装备中的火炮自动瞄准系统以及导弹目标自动跟踪系统等均属随动系统。在水处理工艺中，流量比值控制系统是典型的随动控制系统。

三、按系统中传递信号的性质分

（一）连续控制系统

系统中各部分传递的信号都是连续时间变量的系统，称为连续控制系统。连续控制系统又有线性系统和非线性系统之分。用线性微分方程描述的系统称为线性系统；不能用线性微分方程描述、存在着非线性部件的系统称为非线性系统。

（二）离散控制系统

系统中某一处或数处的信号是脉冲序列或数字量传递的系统为离散控制系统（也称数字控制系统）。在离散控制系统中，数字测量、放大、比较、给定等部件一般均由微处理机实现，计算机的输出经 D/A 转换加给伺服放大器，然后再去驱动执行元件或由计算机直接输出数字信号，数字信号经数字放大器后才能驱动数字式执行元件。

由于连续控制系统和离散控制系统的信号形式有较大差别，因此在分析方法上也有明显的不同。连续控制系统以微分方程来描述系统的运动状态，并用拉氏变换法求解微分方程；而离散系统则用差分方程来描述系统的运动状态，用 Z 变换法引出脉冲传递函数来研究系统的动态特性。

此外，还可按系统部件的物理性质分为机械、电气、机电、液压、气动、热力等控制系统。

第三节　自动控制系统的控制方法

根据控制方法的不同可组成各种不同的控制系统，最常用的有比例积分微分（PID）控制方法。但是随着科学技术的突飞猛进，对工业过程控制的要求越来越高，不仅要求控制精确性，更注重控制的鲁棒性、实时性、容错性以及对控制参数的自适应和学习能力。另外，需要控制的工业过程日趋复杂，工业过程严重的非线性和不确定性，使许多系统无法用数学模型精确描述。这样建立在数学模型基础上的经典和现代控制方法将面临空前的挑战，同时也给新控制方法的发展带来了良好的机遇。由于生产过程迅速向着大型化、连续化的方向发展，出现了一些比较新的控制方法，现对其中的一些控制方法作简要的介绍。

一、自适应控制（Adaptive Control）

自适应控制方法是经过不断地测量系统的输入、状态、输出或性能参数，逐渐了解和掌握对象，然后根据所得的信息按一定的设计方法，作出决策去更新控制器的结构和参数以适应环境的变化，从而达到所要求的控制性能指标。自适应控制系统应具有三个基本功能：

（1）辨识对象的结构和参数，以便精确地建立被控对象的数学模型。

（2）给出一种控制律以使被控系统达到期望的性能指标。

（3）自动修正控制器的结构参数。

因此，自适应控制系统主要用于过程模型未知或过程模型结构已知但参数未知且随机的系统。自适应控制系统的类型主要有自校正控制系统、模型参考自适应控制系统、自寻最优控制系统、学习控制系统等。

二、模糊控制（Fuzzy Control）

模糊控制方法就是以模糊集合理论为基础的控制技术。模糊集合理论为控制技术摆脱建立精确数学模型提供了工具，使控制系统像人一样基于定性的模糊的知识进行控制决策成为可能。在模糊控制系统中，能够将人的控制经验和知识包含进来，从这个意义上说，模糊控制是一种智能控制。模糊控制既可以面向简单的被控对象，也可以用于复杂的控制过程。模糊控制借助模糊数学模拟人的思维方法，将工艺操作人员的经验加以总结，运用语言变量和模糊逻辑理论进行推理和决策，对复杂对象进行控制。模糊控制既不是指被控过程是模糊的，也不意味控制器是不确定的，它是表示知识和概念上的模糊性。它完成的工作是完全确定的。

模糊控制技术已成为自动控制技术领域内的一个主要分支。模糊理论在控制领域取得广泛的应用，完全是由模糊控制本身的特点决定的。模糊控制器采用人类语言信息，模拟人类思维，故易于接受，设计简单，维修方便。

模糊控制的特点是不需要精确的数学模型、鲁棒性强，控制效果好，容易克服非线性因素的影响，控制方法易于掌握。模糊控制发展的前景是乐观的。随着相关学科日新月异的发展，其自身也在不断完善，潜在的能力也不断发挥出来，尤其在工业中的应用将会日益广泛和成熟。

三、神经网络控制（Neural Network Control）

神经网络是由所谓神经元的简单单元按并行结构经过可调的连接构成的网络。神经网络在控制系统中可充当对象的模型，还可充当控制器。

神经网络控制方法就是基于人工神经网络的控制技术。神经网络具有高速并行处理信息的能力，这种能力适于实时控制和动力学控制；神经网络具有很强的自适应能力和信息综合能力，这种能力适用于复杂系统、大系统和多变量系统的控制；神经网络的非线性特性适用于非线性控制。神经网络具有学习能力，能够解决那些用数学模型或规则描述难以处理的控制过程。

神经网络控制的主要特点是：可以描述任意非线性系统；用于非线性系统的辨识和估计；对于复杂不确定性问题具有自适应能力；快速优化计算能力；具有分布式储存能力，可实现在线、离线学习。

四、智能控制（Intelligent Control）

智能控制的发展历史不长，目前尚无标准化的定义，但是面对现代工业系统的特点和要求，对一个理想的智能控制系统所应具备的功能则是比较统一的，那就是：

（1）具有关于人机环境的知识及如何利用这些知识的策略，包括人的控制策略、被控对象的动态特征及环境的变化特性。

（2）有自适应、自组织、自学习和自协调的能力，也就是系统应具有能适应被控对象环境及控制过程变化的能力，能通过学习控制器和环境的信息而改善自身性能的能力。

（3）能满足多目标、多层次的高标准要求，有判断决策的能力。

（4）有容错性，即系统应具有对各类故障进行屏蔽和自修复的能力，以保持系统高度的可靠性。

（5）具有智能化的人－机界面，也就是将知识工程融入人－机界面，不但能通过文字图形等模式，而且可以通过语言、姿态等模式进行交互，具有自学习、自适应的能力，使界面能主动与用户交互，对人考虑问题起到良好的催化作用。

智能控制所具有的这些功能特点决定了它所研究的问题是多方面的、多层次的，所以尽管目前还不很成熟，但这并不妨碍智能控制的渐进应用，特别是在工业生产中的应用。事实也正是如此，目前一些成功的智能控制系统的开发也许功能并不是如上所述的那么完善，但都是结合具体的工业生产过程进行的，并正在生产实践中发挥着巨大的经济和社会效益。智能控制面对不同的应用领域有着各种形式和结构，如分层递阶智能控制、分布式智能控制、仿人智能控制、学习控制、专家控制、智能 PID 控制、模糊控制、神经网络控制以及模糊神经网络控制等。

五、计算机控制（Computer Control）

随着计算机技术的飞速发展，计算机已经成为自动控制技术不可分割的重要组成部分，并为自动控制技术的发展和应用开辟了广阔的新天地。

计算机控制系统由工业控制机和生产过程两大部分组成。工业控制机是指按生产过程控制的特点和要求而设计的计算机，它包括硬件和软件两部分。生产过程包括被控对象、执行机构、电器开关等装置，而生产过程中的测量变送装置、执行机构、电器开关都有各种类型的标准产品，在设计计算机控制系统时，根据需要合理地选型即可。

计算机控制方法就是利用计算机来实现生产过程自动化的技术。在计算机控制系统中，由于工业控制机的输入和输出是数字信号，因此需要有 A/D 和 D/A 转换器。从本质上讲，计算机控制系统的工作原理可归纳为以下三个步骤：

（1）实时数据采集：对来自测量变送装置的被控变量的瞬时值进行检测和输入。

（2）实时控制决策：对采集到的被控量进行分析和处理，并按已定的控制规律，决定要采取的控制行为。

（3）实时控制输出：根据控制决策，适时地对执行机构发出控制信号，完成控制任务。

上述过程不断重复，使整个系统按照一定的品质要求进行工作，并对被控量的设备本身的异常现象及时做出处理。

第四节　控制系统要求及性能指标

控制系统应用于不同场合，对它有不同的性能要求。但从控制工程的角度来看，对控制系统却有一些共同的要求，一般可归结为稳定、精确、快速、安全。

一、对控制系统的要求

（一）稳定性

由于控制系统都包含储能元件，若系统参数匹配不当，便可能引起振荡。稳定性就是指系统动态过程的振荡倾向及其恢复平衡状态的能力。对于稳定的系统，当输出量偏离平衡状态时，应能随着时间收敛并且最后回到初始的平衡状态。稳定性乃是保证控制系统正常工作的先决条件。

（二）精确性

控制系统的精确性即控制精度，一般以稳态误差来衡量。所谓稳态误差是指以一定变化规律的输入信号作用于系统后，当调整过程结束而趋于稳定时，输出量的实际值与期望值之间的误差值，它反映了动态过程后期的性能。这种误差一般是很小的。如数控机床的加工误差小于 0.02mm，一般恒速、恒温控制系统的稳态误差都在给定值的 1% 以内。

（三）快速性

快速性是指当系统的输出量与输入量之间产生偏差时，消除这种偏差的快慢程度。快速性好的系统，它消除偏差的过渡过程时间就短，就能复现快速变化的输入信号，因而具有较好的动态性能。

由于受控对象的具体情况不同，各种系统对稳定、精确、快速这三方面的要求是各有侧重的。例如，调速系统对稳定性要求较严格，而随动系统则对快速性提出较高的要求。即使对于同一个系统，稳、准、快也是相互制约的。提高快速性，可能会引起强烈振荡；改善了稳定性，控制过程又可能过于迟缓，甚至精度也会变差。

（四）安全性

国内外对于控制系统的故障诊断与安全十分重视，专门成立了专业委员会，负责这一学科的组织和发展工作。

二、性能指标

控制系统虽然有各种不同的类型，但对它们需要研究解决的问题是相似的。例如，已知控制系统的结构和参数时，研究它在某种典型输入信号作用下的被控量变化的全过程，从这个变化过程得出其中的性能指标，并讨论性能指标和系统的结构、参数之间的关系。研究的这类问题通常叫做系统分析。

对系统分析可以采用时域分析法或频率响应法。时域分析法是一种直接分析方法，而且是一种比较准确的方法，可以提供系统时间响应的全部信息。频率响应法是应用频率特性研究控制系统的一种方法。实际上，频率特性和时间响应之间具有对应关系。

为了对各种控制系统的性能进行统一的评价，必须先确定一些典型的输入信号。通常是选用几种确定性函数作为典型输入信号，对它们的要求是在现场或实验室中容易产生；在典型输入信号作用下，系统的性能应能反映出系统在实际工作条件下的性能。这些典型输入信号的数学表达式比较简单，便于理论计算。目前在工程实际中常用的典型输入信号有阶跃函数、脉冲函数、斜坡函数和正弦函数。

实际应用时究竟采用哪一种典型输入信号，这取决于系统的常见工作状态。更多的情况是在所有可能的输入信号中，常选用最不利的信号作为系统的典型输入信号。例如，采用阶跃函数作为输入信号。

任何一个实际控制系统的时间响应，都是由过渡过程和稳态过程两部分组成，现分述如下。

（一）过渡过程和动态性能

控制系统从开始有输入信号起到系统输出量达到稳定之前的响应过程称为过渡过程，也叫动态过程。在这一期间，由于系统具有惯性、摩擦和其他一些原因，输出量不可能完全复现输入量的变化。根据系统结构和参数选择的情况，过渡过程表现为衰减、发散或等幅振荡形式。显然，一个可以运行的控制系统，其过渡过程必须是衰减的，也就是系统必须是稳定的。过渡过程除提供有关系统稳定的信息外，还可提供输出量在各个瞬时偏离输入量的程度，以及有关时间间隔的信息，这些信息就反映了系统的动态性能。

通常在阶跃函数作用下来测定系统的动态性能，阶跃输入对系统来说是最严峻的工作状态，如果系统在阶跃函数作用下的动态性能满足要求，那么系统在其他形式的函数作用下，其动态性能也是令人满意的。图 1-6 是控制系统在单位阶跃函数作用下的响应曲线，称为单位阶跃响应，以 $h(t)$ 表示。反映控制系统动态性能的指标有：

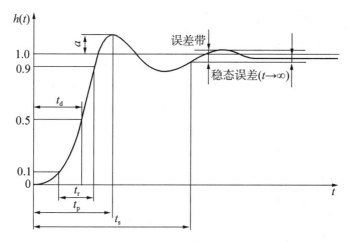

图 1-6　控制系统在单位阶跃响应作用下的响应曲线

（1）延迟时间 t_d：响应到达稳态值 50% 所需的时间。

（2）上升时间 t_r：响应从稳态值 10% 升到 90% 所需时间。

（3）峰值时间 t_p：响应超过稳态值到达第一个峰值所需的时间。

（4）调节时间 t_s：响应到达并停留在稳态值的 ±5% 或 ±2% 误差范围内所需的最小时间。调节时间又称为过渡过程时间。

（5）超调量 σ：在系统响应的过渡过程中，输出量的最大值为 $h(t_p)$，输入量的稳态值为 $h(t_\infty)$，如 $h(t_p) < h(t_\infty)$，则响应无超调；如 $h(t_p) > h(t_\infty)$，则有超调量 $h(t_p) - h(t_\infty)$。

（6）峰值百分比超调量 σ：$\sigma = \dfrac{h(t_p) - h(t_\infty)}{h(t_\infty)} \times 100\%$

（7）振荡次数 N：在调节时间内，$h(t)$ 偏离 $h(t_\infty)$ 的振荡次数。这些性能指标基本上可以体现控制系统过渡过程的特征，其中上升时间、峰值时间和调节时间是表示过渡过程进行的快慢，是快速性指标。超调量和振荡次数是反映过渡过程的振荡激烈程度，是振荡性指标。在实际应用中，最常用的动态性能指标是上升时间、调节时间和超调量。当获得控制系统的单位阶跃响应曲线后，就能很容易地从曲线上确定控制系统的性能指标。

以上介绍是控制系统的时域指标，其实还可以用频域指标来表征控制系统的动态性能，在控制系统中最重要的频域指标是频带宽度，简称带宽 ω_b。通常 ω_b 的含义是在系统的幅频特性曲线上，当幅值下降至零频率时幅值的 70.7% 处的频率值。带宽表示了系统的响应的快慢，带宽越宽，则系统阶跃响应的上升速度越快。带宽还反映出系统对噪声的滤波能力，由于一般噪声的频率都较高，故带宽越宽，则系统对噪声的滤波能力越差。

（二）稳态过程和稳态性能

控制系统在单位阶跃函数作用下，在经历过渡过程后，随着时间趋向于无穷时的响应过程，称为稳态过程。稳态过程表征系统输出量最终复现输入量的程度。如果当时间趋于无穷时，系统的输出量不等于输入量或输入量的确定函数，则认为系统存在稳态误差。稳态误差不仅反映了控制系统稳态性能的好坏，而且是表征控制系统精度的重要技术指标。

以上介绍的动态和稳态性能指标，在设计控制系统时都是需要满足的要求，有关性能指标的具体要求将根据各种不同控制任务的需要来确定。

第五节　常用低压控制电器介绍

在工矿企业的电气控制设备中，采用的基本上都是低压电器。因此，低压电器是电气控制中的基本组成元件，控制系统的优劣和低压电器的性能有直接的关系。自动控制系统中需要大量的低压控制电器才能组成一个完整的控制系统，因此熟悉低压电器的基本知识是学习自动控制系统的基础。

低压电器是指额定电压等级在交流 1200V、直流 1500V 以下的电器。按用途或控制对象分类分为低压配电电器和低压控制电器。

低压配电电器是指在低压配电系统（也称低压电网）或动力装置中用来进行电能分配、接通和分断电路及对低压电路和设备进行保护的电器。常用的配电电器有刀开关、熔断器、断路器等。

低压控制电器是用于低压电力拖动系统或其他各种控制系统中，对电动机或被控电路进行控制、调节与保护的电器。常用的低压控制电器有接触器、起动器、继电器、主令电器、电磁铁等。

本节主要介绍低压控制电器。

一、接触器

接触器主要用于控制电动机、电热设备、电焊机、电容器组等，能频繁地接通或断开交直流主电路，实现远距离自动控制。它具有低电压释放保护功能，在电力拖动自动控制线路中被广泛应用。

接触器有交流接触器和直流接触器两大类型。下面主要介绍应用较广泛的交流接触器。

图 1-7 所示为交流接触器的结构示意图及图形符号。

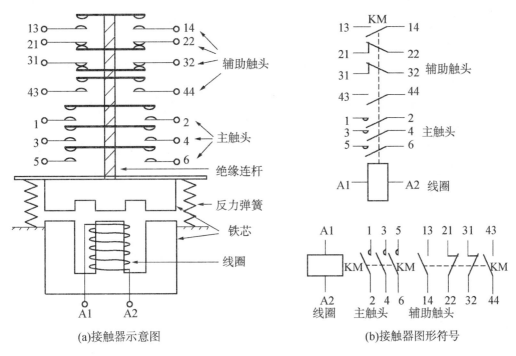

(a)接触器示意图　　　　　　　　(b)接触器图形符号

图 1-7　交流接触器的结构示意图及图形符号

1. 交流接触器的组成部分

（1）电磁机构：电磁机构由线圈、动铁芯（衔铁）和静铁芯组成。

（2）触头系统：交流接触器的触头系统包括主触头和辅助触头。主触头用于通断主电路，有 3 对或 4 对常开触头；辅助触头用于控制电路，起电气联锁或控制作用，通常有两对常开两对常闭触头。

（3）灭弧装置：容量在 10A 以上的接触器都有灭弧装置。对于小容量的接触器，常采用双断口桥形触头以利于灭弧；对于大容量的接触器，常采用纵缝灭弧罩及栅片灭弧结构。

（4）其他部件：包括反作用弹簧、缓冲弹簧、触头压力弹簧、传动机构及外壳等。

接触器上标有端子标号，线圈为 A1、A2，主触头 1、3、5 接电源侧，2、4、6 接负荷侧。辅助触头用两位数表示，前一位为辅助触头顺序号，后一位的 3、4 表示常开触头，1、2 表示常闭触头。

接触器的控制原理很简单，当线圈接通额定电压时，产生电磁力，克服弹簧反力，吸引动铁芯向下运动，动铁芯带动绝缘连杆和动触头向下运动使常开触头闭合，常闭触头断开。当线圈失电或电压低于释放电压时，电磁力小于弹簧反力，常开触头断开，常闭触头闭合。

2. 接触器的主要技术参数和类型

（1）额定电压：接触器的额定电压是指主触头的额定电压。交流有 220V、380V 和 660V，在特殊场合应用的额定电压高达 1140V，直流主要有 110V、220V 和 440V。

（2）额定电流：接触器的额定电流是指主触头的额定工作电流。它是在一定的条件（额定电压、使用类别和操作频率等）下规定的，目前常用的电流等级为 10～800A。

（3）吸引线圈的额定电压：交流有 36V、127V、220V 和 380V，直流有 24V、48V、220V 和 440V。

（4）机械寿命和电气寿命：接触器是频繁操作电器，应有较高的机械和电气寿命，该指标是产品质量的重要指标之一。

（5）额定操作频率：接触器的额定操作频率是指每小时允许的操作次数，一般为 300次/h、600 次/h 和 1200 次/h。

（6）动作值：动作值是指接触器的吸合电压和释放电压。规定接触器的吸合电压大于线圈额定电压的 85% 时应可靠吸合，释放电压不高于线圈额定电压的 70%。

3. 接触器的选择

（1）根据负载性质选择接触器的类型。

（2）额定电压应大于或等于主电路工作电压。

（3）额定电流应大于或等于被控电路的额定电流。对于电动机负载，还应根据其运行方式适当增大或减小。

（4）吸引线圈的额定电压与频率要与所在控制电路的选用电压和频率相一致。

二、起动器

起动器用于三相异步电动机的起动和停止控制，它是一种成套的低压控制装置。

常用的起动器有 QC 型电磁起动器，用于远距离直接控制三相笼型异步电动机的起动、停止及正反转控制，主要由接触器和热继电器组成；QJ 型减压起动器采用自耦变压器降压，用于控制三相笼型异步电动机的不频繁减压起动控制；QX 型起动器为星形－三角形降压起动器。各种起动器控制电路根据型号和电动机的容量大小而不同。

三、继电器

继电器用于电路的逻辑控制。继电器具有逻辑记忆功能，能组成复杂的逻辑控制电路。继电器用于将某种电量（如电压、电流）或非电量（如温度、压力、转速、时间等）的变化量转换为开关量，以实现对电路的自动控制功能。

继电器的种类很多，按输入量可分为电压继电器、电流继电器、时间继电器、速度继电器、压力继电器等；按工作原理可分为电磁式继电器、感应式继电器、电动式继电器、电子式继电器等；按用途可分为控制继电器、保护继电器等；按输入量变化形式可分为有无继电器和量度继电器。

有无继电器是根据输入量的有或无来动作的，无输入量时继电器不动作，有输入量时继电器动作，如中间继电器、通用继电器、时间继电器等。

量度继电器是根据输入量的变化来动作的，工作时其输入量是一直存在的，只有当输入量达到一定值时继电器才动作，如电流继电器、电压继电器、热继电器、速度继电器、压力继电器、液位继电器等。

（一）电磁式继电器

在控制电路中用的继电器大多数是电磁式继电器。电磁式继电器具有结构简单，价格低廉，使用维护方便，触点容量小（一般在 5A 以下），触点数量多且无主、辅之分，无灭弧装置、体积小、动作迅速、准确，控制灵敏，可靠等特点，被广泛应用于低压控制系统中。常用的电磁式继电器有电流继电器、电压继电器、中间继电器以及各种小型通用继电器等。

电磁式继电器的结构和工作原理与接触器相似，主要由电磁机构和触点组成。电磁式继电器也有直流和交流两种。图 1 - 8 为直流电磁式继电器结构示意图，在线圈两端加上电压或通入电流，产生电磁力，当电磁力大于弹簧反力时，吸动衔铁使常开常闭接点动作；当线圈的电压或电流下降或消失时衔铁释放，接点复位。

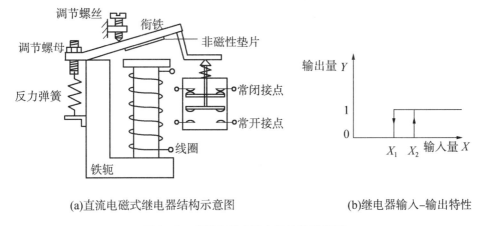

(a)直流电磁式继电器结构示意图　　　　　　(b)继电器输入-输出特性

图 1 - 8　直流电磁式继电器结构示意图

1．电磁式继电器的整定

继电器的吸动值和释放值可以根据保护要求在一定范围内调整，现以图 1 - 8 所示的直流电磁式继电器为例予以说明。

（1）转动调节螺母，调整反力弹簧的松紧程度可以调整动作电流（电压）。弹簧反力越大，动作电流（电压）就越大，反之就越小。

（2）改变非磁性垫片的厚度。非磁性垫片越厚，衔铁吸合后磁路的气隙和磁阻就越大，释放电流（电压）也就越大，反之越小，而吸引值不变。

（3）调节螺丝，可以改变初始气隙的大小。在反作用弹簧力和非磁性垫片厚度一定时，初始气隙越大，吸引电流（电压）就越大，反之就越小，而释放值不变。

2．电磁式继电器的特性

继电器的主要特性是输入 - 输出特性，又称为继电特性，如图 1 - 8b 所示。

当继电器输入量 X 由 0 增加至 X_2 之前，输出量 Y 为 0。当输入量增加到 X_2 时，继电器吸合，输出量 Y 为 1，表示继电器线圈得电，常开接点闭合，常闭接点断开。当输入量继续增大时，继电器动作状态不变。

当输出量 Y 为 1 的状态下，输入量 X 减小，当小于 X_2 时 Y 值仍不变，当 X 再继续减小至小于 X_1 时，继电器释放，输出量 Y 变为 0，X 再减小，Y 值仍为 0。

在继电特性曲线中，X_2 称为继电器吸合值，X_1 称为继电器释放值。$k = X_1/X_2$，称为继电器的返回系数，它是继电器的重要参数之一。

返回系数 k 值可以调节，不同场合对 k 值的要求不同。例如一般控制继电器要求 k 值低些，在 $0.1 \sim 0.4$ 之间，这样继电器吸合后，输入量波动较大时不致引起误动作。保护继电器要求 k 值高些，一般在 $-0.9 \sim 0.85$ 之间。k 值是反映吸力特性与反力特性配合紧密程度的一个参数，一般 k 值越大，继电器灵敏度越高，k 值越小，灵敏度越低。

（二）中间继电器

中间继电器是最常用的继电器之一，它的结构和接触器基本相同，如图 1-9a 所示，其图形符号如图 1-9b 所示。

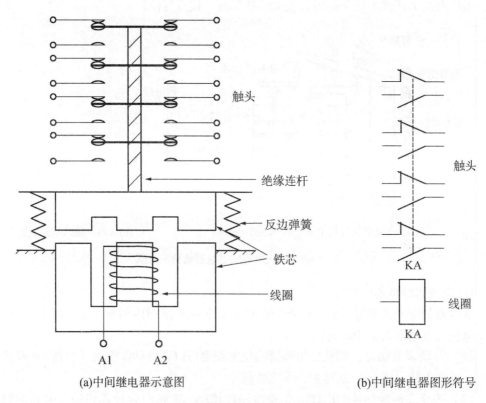

(a)中间继电器示意图　　　　　　　　　　　(b)中间继电器图形符号

图 1-9　中间继电器的结构示意图及图形符号

中间继电器在控制电路中起逻辑变换和状态记忆的功能，以及用于扩展接点的容量和数量。另外，在控制电路中还可以调节各继电器、开关之间的动作时间，防止电路误动作的作用。中间继电器实质上是一种电压继电器，它是根据输入电压的有或无而动作的，一般触头对数多，触头容量额定电流为 $5 \sim 10A$。中间继电器体积小，动作灵敏度高，一般不用于直接控制电路的负荷，但当电路的负荷电流在 5A 以下时，也可代替接触器起控制负荷的作用。中间继电器的工作原理和接触器一样，触点较多，一般为四常开和四常闭触点。

（三）电流继电器和电压继电器

1. 电流继电器

电流继电器的输入量是电流，它是根据输入电流大小而动作的继电器。电流继电器的线圈串入电路中，以反映电路电流的变化，其线圈匝数少、导线粗、阻抗小。电流继电器可分为欠电流继电器和过电流继电器。

欠电流继电器用于欠电流保护或控制，如直流电动机励磁绕组的弱磁保护、电磁吸盘中的欠电流保护、绕线式异步电动机启动时电阻的切换控制等。欠电流继电器的动作电流整定范围为线圈额定电流的30%～65%。需要注意的是，欠电流继电器在电路正常工作时，电流正常不欠电流时，欠电流继电器处于吸合动作状态，常开接点处于闭合状态，常闭接点处于断开状态；当电路出现不正常现象或故障现象导致电流下降或消失时，继电器中流过的电流小于释放电流而动作，所以欠电流继电器的动作电流为释放电流而不是吸合电流。

过电流继电器用于过电流保护或控制，如起重机电路中的过电流保护。过电流继电器在电路正常工作时流过正常工作电流，正常工作电流小于继电器所整定的动作电流，继电器不动作，当电流超过动作电流整定值时才动作。过电流继电器动作时其常开接点闭合，常闭接点断开。过电流继电器整定范围为（110%～400%）额定电流，其中交流过电流继电器为（110%～400%）I_N，直流过电流继电器为（70%～300%）I_N。

电流继电器作为保护电器时，其图形符号如图1-10所示。

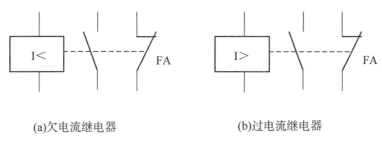

(a)欠电流继电器　　　　　　　　(b)过电流继电器

图1-10　电流继电器的图形符号

2. 电压继电器

电压继电器的输入量是反映电路的电压的大小，是根据输入电压大小而动作。与电流继电器类似，电压继电器也分为欠电压继电器和过电压继电器两种。过电压继电器动作电压范围为（105%～120%）U_N；欠电压继电器吸合电压动作范围为（20%-50%）U_N，释放电压调整范围为（7%～20%）U_N；零电压继电器当电压降低至（5%～25%）U_N时动作，它们分别为过压、欠压、零压保护。电压继电器工作时并联在电路中，因此线圈匝数多、导线细、阻抗大，反映电路中电压的变化，用于电路的电压保护。

电压继电器常用在电力系统继电保护中，在低压控制电路中使用较少。

电压继电器作为保护电器时，其图形符号如图1-11所示。

（四）时间继电器

时间继电器在控制电路中用于时间的控制。其种类很多，按其动作原理可分为电磁式、空气阻尼式、电动式、电子式、可编程式和数字式；按延时方式可分为通电延时型和断电延时型。

1. 工作原理

下面以JS7型空气阻尼式时间继电器为例说明其工作原理。

空气阻尼式时间继电器是利用空气阻尼原理获得延时的，它由电磁机构、延时机构和

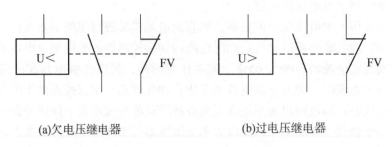

(a)欠电压继电器　　　　　　　　(b)过电压继电器

图 1 - 11　电压继电器的图形符号

触头系统 3 部分组成。电磁机构为直动式双 E 型铁芯，触头系统借用 LX5 型微动开关，延时机构采用气囊式阻尼器。

空气阻尼式时间继电器可以做成通电延时型，也可改成断电延时型，电磁机构可以是直流的，也可以是交流的，如图 1 - 12 所示。

现以通电延时型时间继电器为例介绍其工作原理。

图 1 - 12a 中通电延时型时间继电器为线圈不得电时的情况，当线圈通电后，动铁芯吸合，带动 L 型传动杆向右运动，使瞬动接点受压，其接点瞬时动作。活塞杆在塔形弹簧的作用下，带动橡皮膜向右移动，弱弹簧将橡皮膜压在活塞上，橡皮膜左方的空气不能进入气室，形成负压，只能通过进气孔进气，因此活塞杆只能缓慢地向右移动，其移动的速度和进气孔的大小有关（通过延时调节螺丝调节进气孔的大小可改变延时时间）。经过一定的延时后，活塞杆移动到右端，通过杠杆压动微动开关（通电延时接点），使其常闭触头断开，常开触头闭合，起到通电延时作用。

当线圈断电时，电磁吸力消失，动铁芯在反力弹簧的作用下释放，并通过活塞杆将活塞推向左端，这时气室内中的空气通过橡皮膜和活塞杆之间的缝隙排掉，瞬动接点和延时接点迅速复位，无延时。

如果将通电延时型时间继电器的电磁机构反向安装，就可以改为断电延时型时间继电器，如图 1 - 12c 中断电延时型时间继电器所示。线圈不得电时，塔形弹簧将橡皮膜和活塞杆推向右侧，杠杆将延时接点压下（注意，原来通电延时的常开接点现在变成了断电延时的常闭接点了，原来通电延时的常闭接点现在变成了断电延时的常开接点），当线圈通电时，动铁芯带动 L 型传动杆向左运动，使瞬动接点瞬时动作，同时推动活塞杆向左运动，如前所述，活塞杆向左运动不延时，延时接点瞬时动作。线圈失电时动铁芯在反力弹簧的作用下返回，瞬动接点瞬时动作，延时接点延时动作。

时间继电器线圈和延时接点的图形符号都有两种画法，线圈中的延时符号可以不画，接点中的延时符号可以画在左边，也可以画在右边，但是圆弧的方向不能改变，如图 1 - 12b、d 所示。

空气阻尼式时间继电器的优点是结构简单、延时范围大、寿命长、价格低廉，且不受电源电压及频率波动的影响，其缺点是延时误差大、无调节刻度指示，一般适用延时精度要求不高的场合。在使用空气阻尼式时间继电器时，应保持延时机构的清洁，防止因进气孔堵塞而失去延时作用。

电子式时间继电器是采用晶体管或集成电路等构成，现已成为主流产品。随着微电子

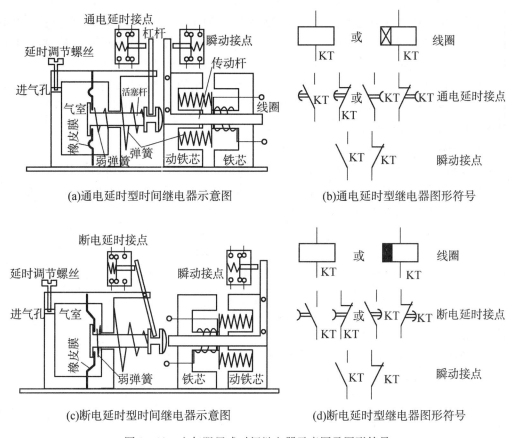

(a)通电延时型时间继电器示意图　　(b)通电延时型继电器图形符号

(c)断电延时型时间继电器示意图　　(d)断电延时型继电器图形符号

图 1－12　空气阻尼式时间继电器示意图及图形符号

技术的发展，已有采用单片机控制的时间继电器，如 DHC6 多种制式单片机控制时间继电器。

DHC6 多种制式时间继电器是为适应工业自动化控制水平越来越高的要求而产生的。它采用单片机控制，LCD 显示，具有 9 种工作制式，正计时、倒计时任意设定，8 种延时时段，延时范围从 0.01s～999.9h 任意设定，键盘设定，设定完成之后可以锁定按键，防止误操作，可按要求任意选择控制模式，使控制电路最简单可靠。

2. 时间继电器的选择原则

时间继电器型式多样，各具特点，选择时应从以下几方面考虑：

① 根据控制电路延时触点的要求选择延时方式，即通电延时型或断电延时型。

② 根据延时范围和精度要求选择继电器类型。

③ 根据使用场合、工作环境选择时间继电器的类型。如电源电压波动大的场合可选空气阻尼式或电动式时间继电器，电源频率不稳定场合不宜选用电动式，环境温度变化大的场合不宜选用空气阻尼式和电子式时间继电器。

（五）热 继 电 器

热继电器主要是用于电气设备（主要是电动机）的过负荷保护。热继电器是一种利用电流热效应原理工作的电器，它具有与电动机容许过载特性相近的反时限动作特性，主要与接触器配合使用，用于对三相异步电动机的过负荷和断相保护。

三相异步电动机在实际运行中，常会遇到因电气或机械原因等引起的过电流（过载和断相）现象。如果过电流不严重，持续时间短，绕组不超过允许温升，这种过电流是允许的；如果过电流情况严重，持续时间较长，则会加快电动机绝缘老化，甚至烧毁电动机，因此，在电动机回路中应设置电动机保护装置。常用的电动机保护装置种类很多，使用最多、最普遍的是双金属片式热继电器。目前，双金属片式热继电器均为三相式，有带断相保护和不带断相保护两种。

1. 热继电器的工作原理

图1-13a所示是双金属片式热继电器的结构示意图，图1-13b所示是其图形符号。由图可见，热继电器主要由双金属片、热元件、复位按钮、传动杆、拉簧、调节旋钮、复位螺丝、触点和接线端子等组成。

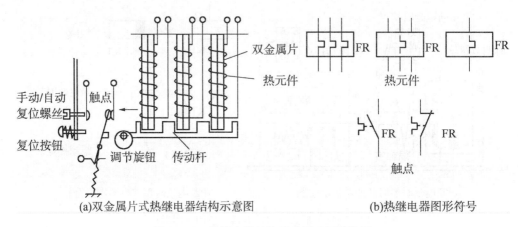

(a)双金属片式热继电器结构示意图   (b)热继电器图形符号

图1-13 热继电器结构示意图及图形符号

双金属片是一种将两种线膨胀系数不同的金属用机械辗压方法使之形成一体的金属片。膨胀系数大的（如铁镍铬合金、铜合金或高铝合金等）称为主动层，膨胀系数小的（如铁镍类合金）称为被动层。由于两种线膨胀系数不同的金属紧密地贴合在一起，当产生热效应时，使得双金属片向膨胀系数小的一侧弯曲，由弯曲产生的位移带动触头动作。

热元件一般由铜镍合金、镍铬铁合金或铁铬铝等合金电阻材料制成，其形状有圆丝、扁丝、片状和带材几种。热元件串接于电机的定子电路中，通过热元件的电流就是电动机的工作电流（大容量的热继电器装有速饱和互感器，热元件串接在其二次回路中）。当电动机正常运行时，其工作电流通过热元件产生的热量不足以使双金属片变形，热继电器不会动作。当电动机发生过电流且超过整定值时，双金属片的热量增大而发生弯曲，经过一定时间后，使触点动作，通过控制电路切断电动机的工作电源。同时，热元件也因失电而逐渐降温，经过一段时间的冷却，双金属片恢复到原来状态。

热继电器动作电流的调节是通过旋转调节旋钮来实现的。调节旋钮为一个偏心轮，旋转调节旋钮可以改变传动杆和动触点之间的传动距离，距离越长，动作电流就越大，反之动作电流就越小。

热继电器复位方式有自动复位和手动复位两种，将复位螺丝旋入，使常开的静触点向动触点靠近，这样动触点在闭合时处于不稳定状态，在双金属片冷却后动触点也返回，为自动复位方式。如将复位螺丝旋出，触点不能自动复位，为手动复位方式。在手动复位方式下，需在双金属片恢复状时按下复位按钮才能使触点复位。

2．热继电器的选择原则

热继电器主要用于电动机的过载保护，使用中应考虑电动机的工作环境、启动情况、负载性质等因素，具体应按以下几个方面来选择：

（1）热继电器结构型式的选择：星形接法的电动机可选用两相或三相结构热继电器，三角形接法的电动机应选用带断相保护装置的三相结构热继电器。

（2）热继电器的动作电流整定值一般为电动机额定电流的 $1.05 \sim 1.1$ 倍。

（3）对于重复短时工作的电动机（如起重机电动机），由于电动机不断重复升温，热继电器双金属片的温升跟不上电动机绕组的温升，电动机将得不到可靠的过载保护。因此，不宜选用双金属片热继电器，而应选用过电流继电器或能反映绕组实际温度的温度继电器来进行保护。

（六）速度继电器

速度继电器又称为反接制动继电器，主要用于三相鼠笼型异步电动机的反接制动控制。图 1 – 14 为速度继电器的原理示意图及图形符号，它主要由转子、定子和触头 3 部分组成。转子是一个圆柱形永久磁铁，定子是一个鼠笼型空心圆环，由硅钢片叠成，并装有鼠笼型绕组。其转子的轴与被控电动机的轴相连接，当电动机转动时，转子（圆柱形永久磁铁）随之转动产生一个旋转磁场，定子中的鼠笼型绕组切割磁力线而产生感应电流和磁场，两个磁场相互作用，使定子受力而跟随转动，当达到一定转速时，装在定子轴上的摆锤推动簧片触

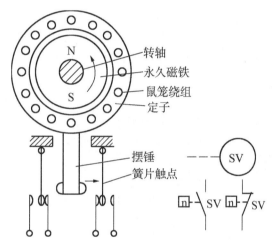

(a)速度继电器原理示意图　　(b)速度继电器图形符号

图 1 – 14　速度继电器的原理示意图及图形符号

点运动，使常闭触点断开，常开触点闭合。当电动机转速低于某一数值时，定子产生的转矩减小，触点在簧片作用下复位。

一般速度继电器都具有两对转换触点，一对用于正转时动作，另一对用于反转时动作。触点额定电压为 380V，额定电流为 2A。通常速度继电器动作转速为 130r/min，复位转速在 100r/min 以下。

（七）液位继电器

液位继电器主要用于对液位的高低进行检测并发出开关量信号，以控制电磁阀、液泵等设备对液位的高低进行控制。液位继电器的种类很多，工作原理也不尽相同，下面介绍 JYF – 02 型液位继电器。其结构示意图及图形符号如图 1 – 15 所示。浮筒置于液体内，浮筒的另一端为一根磁钢，靠近磁钢的液体外壁也装一根磁钢，并和动触点相连，当水位上升时，受浮力上浮而绕固定支点上浮，带动磁钢条向下，当内磁钢 N 极低于外磁钢 N 极时，由于液体壁内外两根磁钢同性相斥，壁外的磁钢受排斥力迅速上翘，带动触点迅速动

作。同理，当液位下降，内磁钢 N 极高于外磁钢 N 极时，外磁钢受排斥力迅速下翘，带动触点迅速动作。液位高低的控制是由液位继电器安装的位置来决定的。

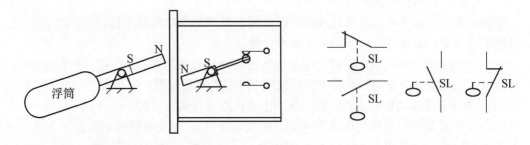

(a)液位继电器(传感器)结构示意图　　　　　(b)液位继电器图形符号

图 1 – 15　JYF – 02 型液位继电器结构示意图及图形符号

（八）压力继电器

压力继电器主要用于对液体或气体压力的高低进行检测并发出开关量信号，以控制电磁阀、液泵等设备对压力的高低进行控制。图 1 – 16 为压力继电器结构示意图及图形符号。

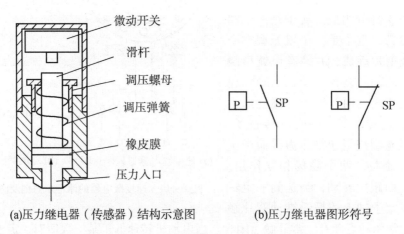

(a)压力继电器（传感器）结构示意图　　　　(b)压力继电器图形符号

图 1 – 16　压力继电器结构示意图及图形符号

压力继电器主要由压力传送装置和微动开关等组成，液体或气体压力经压力入口推动橡皮膜和滑杆，克服弹簧反力向上运动。当压力达到给定压力时，触动微动开关，发出控制信号，旋转调压螺母可以改变给定压力。

四、主令电器

主令电器用于在控制电路中以开关接点的通断形式来发布控制命令，使控制电路执行对应的控制任务。主令电器应用广泛，种类繁多，常见的有按钮、行程开关、转换开关、电阻器、变阻器、电压调整器等。

（一）按钮

按钮是一种最常用的主令电器，其结构简单，控制方便。

按钮由按钮帽、复位弹簧、桥式触点和外壳等组成，其结构示意图及图形符号如图 1–17 所示。触点采用桥式触点，额定电流在 5A 以下。触点又分常开触点（动断触点）和常闭触点（动合触点）两种。

按钮从外形和操作方式上可以分为平按钮和急停按钮，急停按钮也叫蘑菇头按钮，如图 1–17c 所示，除此之外还有钥匙钮、旋钮、拉式钮、万向操纵杆式、带灯式等多种类型。

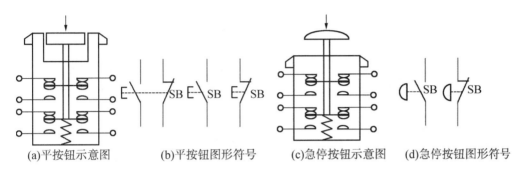

(a)平按钮示意图　　(b)平按钮图形符号　　(c)急停按钮示意图　　(d)急停按钮图形符号

图 1–17　按钮结构示意图及图形符号

从按钮的触点动作方式可以分为直动式和微动式两种，图 1–17 中所示的按钮均为直动式，其触点动作速度和手按下的速度有关。而微动式按钮的触点动作变换速度快，和手按下的速度无关，其动作原理如图 1–18 所示。动触点由变形簧片组成，当弯形簧片受压向下运动低于平形簧片时，弯形簧片迅速变形，将平形簧片触点弹向上方，实现触点瞬间动作。

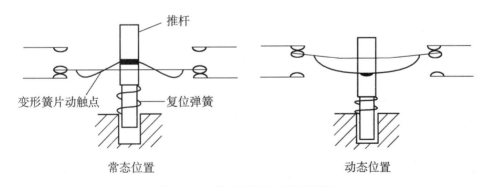

常态位置　　　　　　　　　　　　动态位置

图 1–18　微动式按钮动作原理图

小型微动式按钮也叫微动开关，微动开关还可以用于各种继电器和限位开关中，如时间继电器、压力继电器和限位开关等。

按钮一般为复位式，也有自锁式按钮，最常用的按钮为复位式平按钮，如图 1–17a 所示，其按钮与外壳平齐，可防止异物误碰。

（二）行程开关

行程开关又叫限位开关，它的种类很多，按运动形式可分为直动式、微动式、转动式等；按触点的性质可分为有触点式和无触点式。

1. 有触点行程开关

有触点行程开关简称行程开关，行程开关的工作原理和按钮相同，区别在于它不是靠手的按压，而是利用生产机械运动的部件碰压而使触点动作来发出控制指令的主令电器。它用于控制生产机械的运动方向、速度、行程大小或位置等，其结构形式多种多样。

图 1-19 所示为几种操作类型的行程开关结构示意图及图形符号。行程开关的主要参数有型式、动作行程、工作电压及触头的电流容量。

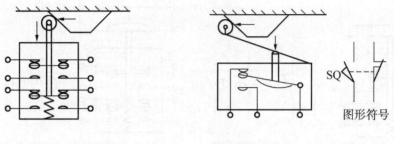

(a)直动式行程开关示意图　　　　(b)微动式行程开关示意图及图形符号

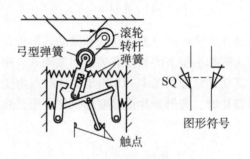

(c)旋转式双向机械碰压限位开关示意图及图形符号

图 1-19　行程开关结构示意图及图形符号

2. 无触点行程开关

无触点行程开关又称接近开关，它可以代替有触头行程开关来完成行程控制和限位保护，还可用于高频计数、测速、液位控制、零件尺寸检测、加工程序的自动衔接等的非接触式开关。由于它具有非接触式触发、动作速度快、可在不同的检测距离内动作、发出的信号稳定无脉动、工作稳定可靠、寿命长、重复定位精度高以及能适应恶劣的工作环境等特点，所以在机床、纺织、印刷、塑料等工业生产中应用广泛。

无触点行程开关分为有源型和无源型两种，多数无触点行程开关为有源型，主要包括检测元件、放大电路、输出驱动电路 3 部分，一般采用 5～24V 的直流电流或 220V 交流电源等。如图 1-20 所示为三线式有源型接近开关结构框图。

接近开关按检测元件工作原理可分为高频振荡型、超声波型、电容型、电磁感应型、永磁型、霍尔元件型与磁敏元件型等。不同型式的接近开关所检测的被检测体不同。

电容式接近开关可以检测各种固体、液体或粉状物体，其主要由电容式振荡器及电子电路组成，它的电容位于传感界面，当物体接近时，将因改变了电容值而振荡，从而产生输出信号。

图 1 - 20 有源型接近开关结构框图

霍尔接近开关用于检测磁场，一般用磁钢作为被检测体。其内部的磁敏感器件仅对垂直于传感器端面的磁场敏感，当磁极 S 极正对接近开关时，接近开关的输出产生正跳变，输出为高电平，若磁极 N 极正对接近开关时，输出为低电平。

超声波接近开关适于检测不能或不可触及的目标，其控制功能不受声、电、光等因素干扰，检测物体可以是固体、液体或粉末状态的物体，只要能反射超声波即可。其主要由压电陶瓷传感器、发射超声波和接收反射波用的电子装置及调节检测范围用的程控桥式开关等几个部分组成。

高频振荡式接近开关用于检测各种金属，主要由高频振荡器、集成电路或晶体管放大器和输出器 3 部分组成，其基本工作原理是当有金属物体接近振荡器的线圈时，该金属物体内部产生的涡流将吸取振荡器的能量，致使振荡器停振。振荡器的振荡和停振这两个信号，经整形放大后转换成开关信号输出。

接近开关输出形式有两线、三线和四线式几种，晶体管输出类型有 NPN 和 PNP 两种，外形有方形、圆形、槽形和分离型等多种，图 1 - 21 为槽形三线式 NPN 型光电式接近开关的工作原理图和远距分离型光电开关工作示意图。

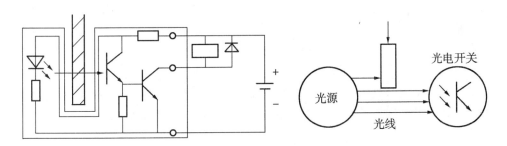

(a) 槽形三线式NPN型光电式接近开关的工作原理图　　　(b)远距分离型光电开关

图 1 - 21　槽形和分离型光电开关

接近开关的主要参数有型式、动作距离范围、动作频率、响应时间、重复精度、输出型式、工作电压及输出触点的容量等。接近开关的图形符号可用图 1 - 22 表示。

3. 有触点行程开关的选择

有触点行程开关的选择应注意以下几点：

①应用场合及控制对象选择。

②安装环境选择防护形式，如开启式或保护式。

③控制回路的电压和电流。

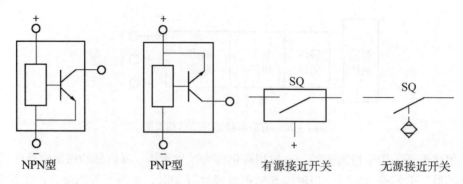

图 1 - 22　接近开关的图形符号

④机械与行程开关的传力与位移关系选择合适的头部形式。

4．接近开关的选择

接近开关的选择应注意以下几点：

①工作频率、可靠性及精度。

②检测距离、安装尺寸。

③触点形式（有触点、无触点）、触点数量及输出形式（NPN 型、PNP 型）。

④电源类型（直流、交流）、电压等级。

（三）转换开关

转换开关是一种多档位、多触点、能够控制多回路的主令电器，主要用于各种控制设备中线路的换接、遥控和电流表、电压表的换相测量等，也可用于控制小容量电动机的启动、换向、调速。

转换开关的工作原理和凸轮控制器一样，只是使用地点不同。凸轮控制器主要用于主电路，直接对电动机等电气设备进行控制；而转换开关主要用于控制电路，通过继电器和接触器间接控制电动机。常用的转换开关类型主要有两大类，即万能转换开关和组合开关。两者的结构和工作原理基本相似，在某些应用场合下两者可相互替代。转换开关按结构类型分为普通型、开启组合型和防护组合型等；按用途又分为主令控制用和控制电动机用两种。转换开关的图形符号和凸轮控制器一样，如图 1 - 23 所示。

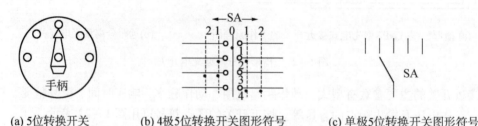

(a) 5位转换开关　　(b) 4极5位转换开关图形符号　　(c) 单极5位转换开关图形符号

图 1 - 23　转换开关及图形符号

转换开关的触点通断状态也可以用图表来表示，如图 1 - 23 中的 4 极 5 位转换开关如表 1 - 1 所示。

表1-1　转换开关触点通断状态表

位置 触点号	← 90°	↖ 45°	↑ 0°	↗ 45°	→ 90°
1			×		
2		×		×	
3	×	×			
4				×	×

注：×表示触点接通。

转换开关的主要参数有型式、手柄类型、触点通断状态表、工作电压、触头数量及其电流容量。

转换开关的选择可以根据以下几个方面进行：

① 额定电压和工作电流。

② 手柄型式和定位特征。

③ 触点数量和接线图编号。

④ 面板型式及标志。

（四）电阻器

电阻是电气产品中不可缺少的电气元件，可分为两大类：一类为电阻元件，用于弱电电子产品；一类为工业用电阻器件（简称电阻器），用于低压强电交直流电气线路的电流调节以及电动机的启动、制动和调速等。

常用的电阻器有 ZB 型板形和 ZG 型管形电阻器，用于低压电路中的电流调节。ZX 型电阻器主要用于交直流电动机的启动、制动和调速等。

电阻器的主要技术参数有额定电压、发热功率、电阻值、允许电流、发热时间常数、电阻误差及外形尺寸等。电阻器的图形符号如图 1-24 所示。

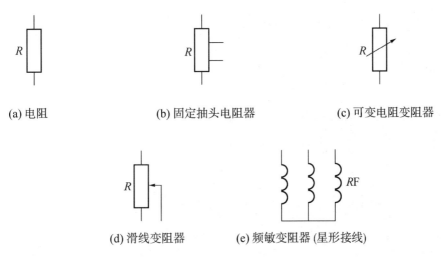

(a) 电阻　　　　(b) 固定抽头电阻器　　　　(c) 可变电阻变阻器

(d) 滑线变阻器　　(e) 频敏变阻器 (星形接线)

图 1-24　电阻器和变阻器图形符号

（五）变阻器

变阻器的作用和电阻器的作用类似，不同点在于变阻器的电阻是连续可调的，而电阻器的每段电阻固定，在控制电路中可采用串并联或选择不同段电阻的方法来调节电阻值，电阻值是断续可调的。

常用的变阻器有 BC 型滑线变阻器，用于电路的电流和电压调节、电子设备及仪表等电路的控制或调节等。BL 型励磁变阻器用于直流电机的励磁或调速；BQ 型启动变阻器用于直流电动机的启动；BT 型变阻器用于直流电动机的励磁或调速；BP 型频敏变阻器用于三相交流绕线式异步电动机的启动控制。变阻器的主要技术参数和电阻器类似。

（六）电压调整器

电压调整器的种类较少，TD4 型炭阻式电压调整器用于在中小容量的交流或直流发电机中自动调节电压。

五、电磁铁

常用的电磁铁有 MQ 型牵引电磁铁、MW 型起重电磁铁、MZ 型制动电磁铁等。

MQ 型牵引电磁铁用于在低压交流电路中作为机械设备及各种自动化控制系统操作机构的远距离控制。

MW 型起重电磁铁用于安装在起重机械上吸引钢铁等磁性物质。

MZD 型单相制动电磁铁和 MZS 型三相制动电磁铁一般用于组成电磁制动器，由制动电磁铁组成的 TJ2 型交流电磁制动器的示意图如图 1 - 25 所示，通常电磁制动器和电动机轴安装在一起，其电磁制动线圈和电动机线圈并联，两者同时得电或电磁制动线圈先得电之后电动机紧随其后得电。电磁制动器线圈得电吸引衔铁使弹簧受压，闸瓦和固定在电动机轴上的闸轮松开，电动机旋转，当电动机和电磁制动器同时失电时，在压缩弹簧的作用下闸瓦将闸轮抱紧，使电动机制动。

电磁铁的图形符号和电磁制动器一样。

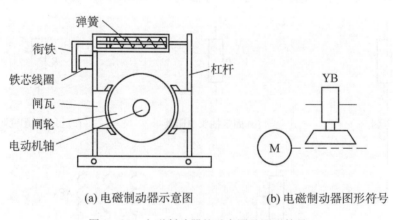

(a) 电磁制动器示意图　　　　(b) 电磁制动器图形符号

图 1 - 25　电磁制动器的示意图及图形符号

六、其他

1. 信号灯

信号灯也叫指示灯，主要用于在各种电气设备及线路中作电源指示、显示设备的工作状态以及操作警示等。

信号灯发光体主要有白炽灯、氖灯和发光二极管等。

信号灯有持续发光（平光）和断续发光（闪光）两种发光形式：一般信号灯用平光灯，当需要反映下列信息时用闪光灯：

①进一步引起注意。

②须立即采取行动。

③反映出的信息不符合指令的要求。

④表示变化过程（在过程中发光）。

亮与灭的时间比一般在 1∶1～1∶4 之间，较优先的信息使用较高的闪烁频率。

信号灯的图形符号如图 1－26 所示。

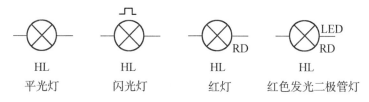

图 1－26 信号灯的图形符号

2. 报警器

常用的报警器有电铃和电喇叭等，一般电铃用于正常的操作信号（如设备启动前的警示）和设备的异常现象（如变压器的过载、漏油）。电喇叭用于设备的故障信号（如线路短路跳闸）。报警器的图形符号如图 1－27 所示。

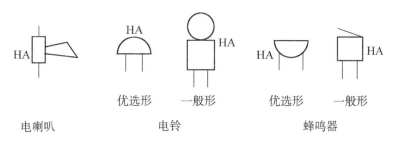

图 1－27 报警器的图形符号

3. 液压控制元件

液压控制技术随着计算机和自动控制技术的不断发展，与电气控制结合得越来越紧密。液压传动具有运动平稳、可实现在大范围内无级调速、易实现功率放大等特点，被广泛地应用于工业生产的各个领域。液压传动系统由 4 种主要元件组成，即动力元件（液压泵）、执行元件（液压缸和液压马达）、控制元件（各种控制阀）和辅助元件（油箱、油路、滤油器）等。其中控制阀包括压力控制阀、流量控制阀、方向控制阀和电液比例控制阀等。压力控制阀用以调节系统的压力，如溢流阀、减压阀等；流量控制阀用以调节系统工作液流量大小，如节流阀、调速阀等；方向控制阀用以接通或关断油路，改变工作液体的流动方向，实现运动换相；电液比例控制阀用以开环或闭环控制方式对液压系统中的压力、流量进行有级或无级调节。液压控制元件的种类很多，这里介绍常用的几种液压控制元件及其符号。在液压系统图中，液压控制元件的符号只表示元件的职能，不表示元件的结构和参数。

图 1-28 所示为几种常用的液压控制元件的符号。

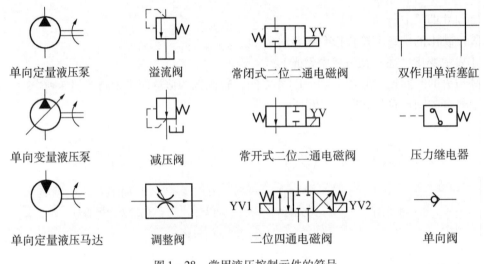

单向定量液压泵	溢流阀	常闭式二位二通电磁阀	双作用单活塞缸
单向变量液压泵	减压阀	常开式二位二通电磁阀	压力继电器
单向定量液压马达	调整阀	二位四通电磁阀	单向阀

图 1-28　常用液压控制元件的符号

液压控制元件有手动控制、机械控制、液压控制、电气控制等。电磁阀线圈的电气图形符号和电磁铁、继电器线圈一样，文字符号为 YV。

第二章　可编程序控制器基本知识

第一节　可编程序控制器概述

一、PLC 的定义

可编程序控制器是在继电器控制和计算机控制的基础上发展起来的以微处理器为核心，融自动化技术、计算机技术、通信技术于一体的新一代工业自动化控制装置。

可编程序控制器在近 40 年得到了迅猛的发展，至今已经成为工业自动化领域中最重要、应用最多的控制装置，居工业生产自动化三大支柱（可编程序控制器、机器人、计算机辅助设计与制造）的首位。

早期的可编程序控制器是为了取代继电器逻辑控制的功能，因此被称为可编程序逻辑控制器（Programmable Logic Controller，PLC）。随着微电子技术和集成电路的发展，特别是微处理器的功能不断增强，各生产厂家纷纷采用微处理器作为可编程序控制器的中央处理单元，使其在逻辑控制功能的基础上，增加了算术运算、模拟量控制、通信及一些特殊应用功能。因此，美国电气制造协会（NEMA）于 1980 年将它正式命名为可编程序控制器（Programmable Controller，PC），PC 一词曾经在工业界使用多年，但近年来 PC 已经成为个人计算机（Personal Computer）的代名词，为了避免造成名词术语混乱，现在仍然用 PLC 来表示可编程序控制器，但这决不意味着 PLC 只具有逻辑控制功能。

NEMA 和国际电工技术委员会（IEC）分别于 1950 年和 1985 年给 PLC 下了定义，IEC 还在 1982 年和 1985 年颁布了 PLC 标准草案。IEC 在 1985 年颁布的标准中，对 PLC 的定义是：PLC 是一种专为工业环境下应用而设计的数字运算操作的电子系统。它采用可编程序的存储器，用来在其内部存储执行逻辑运算、顺序控制、定时、计数和算术运算等操作的指令，并通过数字式、模拟式的输入和输出，控制各种生产机械或过程。PLC 及其有关的外围设备，都应按易于与工业控制系统形成一个整体、易于扩充其功能的原则设计。

二、PLC 的分类

PLC 的种类很多，下面按结构形式、控制规模和功能对 PLC 进行分类。

1. 按结构形式分类

按硬件的结构形式不同，PLC 可分为整体式、组合式和叠装式三种。整体式 PLC 又称箱式 PLC。这种 PLC 的 CPU、存储器、I/O 接口（输入输出接口）等都安装在一个箱体内。整体式 PLC 的结构简单、体积小、价格低。小型 PLC 一般采用整体式结构。还有些整体式 PLC 为了扩展功能，由不同 I/O 点数的基本单元和扩展单元组成。基本单元内有 CPU、I/O 接口和电源，扩展单元内只有电源和 I/O 接口。有些整体式 PLC 还配备有如模拟量单元、位置控制单元等特殊功能单元。

组合式 PLC 又称模块式 PLC，它有一个总线基板，基板上有很多总线插槽，其中由 CPU、存储器和电源构成的一个模块通常固定安装在某个插槽中，其他功能模块可随意安装在其他不同的插槽内。组合式 PLC 配置灵活，可通过增减模块而组成不同规模的系统，安装维修方便，但价格较贵。大、中型 PLC 一般采用组合式结构。

还有的 PLC 将整体式和模块式结合起来，称为叠装式 PLC。既达到了配置灵活的目的，又可做到结构小巧。

2. 按控制规模分类

I/O 点数（输入/输出点数）是衡量 PLC 控制规模的重要参数，根据 I/O 点数多少，可将 PLC 分为小型、中型和大型 3 类。

（1）小型 PLC。其 I/O 控制点数小于 512 点，采用 8 位或 16 位单 CPU，用户程序存储器的容量小于 8KB 的为小型 PLC（其中小于 64 点为超小型或微型 PLC）。小型机常用于单机控制和小型控制场合，在通信网络中常做从站。

（2）中型 PLC。其 I/O 点数为 512 ～ 2048，采用双 CPU，用户程序存储器的容量小于 50KB 的为中型 PLC。中型机控制点数较多、控制功能强，常用于一般控制场合，在通信网络中既可做主站也可做从站。

（3）大型 PLC。其 I/O 点数大于 2048，采用 16 位、32 位多 CPU。大型机控制点数多、功能很强、运算速度快，常用于较复杂的控制场合，在通信网络中常做主站。

但是这种分类界限不是十分严格的，尤其是近年来随着 PLC 技术的飞速发展，该界限已经有所改变。如罗克韦尔自动化公司 A－B 小型 PLC 的控制点数就已达到 4096 点。

3. 按功能分类

根据 PLC 具有的功能不同，可将 PLC 分为低、中、高档 3 类。

（1）低档 PLC。低档 PLC 具有逻辑运算、定时、计数、移位以及自诊断、监控等基本功能，有些还有少量模拟量 I/O、算术运算、数据传送和比较、通信等功能。低档 PLC 主要用于逻辑控制、顺序控制或少量模拟量控制的单机控制系统。

（2）中档 PLC。中档 PLC 除具有低档 PLC 的功能外，还具有较强的模拟量 I/O 输出、算术运算、数据传送和比较、数制转换、远程 I/O、子程序、通信联网等功能，有些还增设有中断控制、PID 控制等功能。中档 PLC 适用于比较复杂的控制系统。

（3）高档 PLC。高档 PLC 除了具有中档机的功能外，还增加了带符号算术运算、矩阵运算、位逻辑运算、平方根运算及其他特殊功能函数的运算、制表及表格传送功能等。高档 PLC 具有很强的通信联网功能，一般用于大规模过程控制或构成分布式网络控制系统，实现工厂控制自动化。

三、PLC 控制系统的类型

1. PLC 构成的单机系统

PLC 构成的单机系统的被控对象是单一的机器生产或生产流水线，其控制器是由单台 PLC 构成，一般不需要与其他 PLC 或计算机进行通信。但是，设计者还要考虑将来是否联网的需要，如果需要的话，应当选用具有通信功能的 PLC。

2. PLC 构成的集中控制系统

PLC 构成的集中控制系统的被控对象通常是数台机器或数条流水线，该系统的控制单元由单台 PLC 构成，每个被控对象与 PLC 指定的 I/O 相连。由于采用一台 PLC 控制，因此，各被控对象之间的数据、状态不需要另外的通信电路。但是一旦 PLC 出现故障，整个系统将停止工作。对于大型的集中控制系统，通常采用冗余系统克服上述缺点。

3. PLC 构成的分布式控制系统

PLC 构成的分布式控制系统的被控对象通常比较多，分布在一个较大的区域内，相互之间比较远，而且，被控对象之间经常交换数据和信息。该系统的控制器是由若干个相互之间具有通信功能的 PLC 构成。系统的上位机可以采用 PLC，也可以采用工控机。PLC 作为一种控制设备，单独构成一个控制系统是有局限性的，主要是无法进行复杂运算、无法显示各种实时图形和保存大量历史数据，也不能显示汉字和打印汉字报表，没有良好的界面。这些不足，我们选用上位机来弥补。上位机完成监测数据的存储、处理与输出，以图形或表格形式对现场进行动态模拟显示、分析限值或报警信息，驱动打印机实时打印各种图表。

四、PLC 的特点

PLC 是一种专为工业应用而设计的控制器，它主要有以下特点。

1. 可靠性高，抗干扰能力强

为了适应工业应用要求，PLC 从硬件和软件方面都采用了大量的技术措施，以便能在恶劣环境下长时间可靠运行，大多数 PLC 的平均无故障运行时间已达到 3×10^5 小时。

2. 通用性强，控制程序可变，使用方便

PLC 可利用齐全的各种硬件装置来组成各种控制系统，用户不必自己再设计和制作硬件装置。用户在硬件确定以后，在生产工艺流程改变或生产设备更新的情况下，无须大量改变 PLC 的硬件设备，只需更改程序就可以满足要求。

3. 功能强，适用范围广

现代 PLC 不仅有逻辑运算、计时、计数、顺序控制等功能，还具有数字和模拟量的 I/O、功率驱动、通信、人机对话、自检、记录显示等功能，既可控制一台生产机械、一条生产线，又可控制一个生产过程。

4. 编程简单，易用易学

目前，大多数 PLC 采用梯形图编程方式，梯形图语言的编程元件符号和表达方式与继电器控制电路原理图相当接近，这样使大多数工厂、企业电气技术人员非常容易接受和掌握。

5. 系统设计、调试和维修方便

PLC 用软件来取代继电器控制系统中大量的中间继电器、时间继电器、计数器等器件，使控制柜的设计、安装和接线工作量大为减少。另外，PLC 的用户程序可以通过计算机在实验室仿真调试，减少了现场的调试工作量。此外，由于 PLC 结构模块化及很强的自我诊断能力，维修也极为方便。

五、PLC 的应用

由于 PLC 具有上述一系列优点，已经广泛应用于水处理、冶金、化工、轻工、机械、电力、建筑、交通、运输等各行各业。

按照 PLC 应用的控制类型大致可分为下列几种应用。

1. 逻辑控制

这是 PLC 最基本的控制功能，可用于取代继电器控制装置，如机床电气控制、电动机控制等，还可用来取代顺序控制，如电梯控制、港口码头的货物存放与提取、采矿的皮带运输等。既可用于单机控制，又可用于多机群以及自动生产线的控制。

2. 过程控制

大中型 PLC 都具有多路模拟量 I/O 和 PID 回路控制功能，甚至有的小型 PLC 也带有模拟量 I/O 接口，如罗克韦尔自动化公司的 PLC 从微型到大型都具有模拟量 I/O 控制功能，使得 PLC 可用于闭环的位置、速度和过程等控制。

3. 位置控制

目前很多 PLC 都提供控制和驱动步进电动机或伺服电动机的单轴或多轴位置控制模块，因此可用于机器人控制，也能和机械加工中的数字控制及计算机控制组成一体，实现机械加工的数字控制。随着 PLC 技术的迅速发展，这一功能可广泛用于各种机械加工的数字控制、装配机械及机器人控制等。

4. 多级控制系统

高级 PLC 具有较强的通信联网能力，PLC 与 PLC 之间、PLC 与远程 I/O 之间、PLC 与上位机之间都可以进行通信，从而形成多级控制系统。通常采用多台 PLC 分散控制，由上位计算机集中管理，这样的系统又称为分布式控制系统。

六、PLC 发展趋势

从第一台 PLC 问世至今，其发展经历了实用化阶段、成熟阶段和加速发展阶段。PLC 主要在以下几个方面得到了不断发展。

1. 小型 PLC 产品性能提高、结构不断优化

有些小型 PLC 吸收了大型 PLC 的技术和优点，其逻辑指令运算速度甚至比一些大、中型 PLC 的速度还快，功能也不断增强，不再局限于仅对开关量的处理，增加了模拟量处理（PID 回路调节）、人机对话、高速数据处理、运动控制、通信联网等功能。有的还采用无底板、无机架的结构，主单元 I/O 都采用接插件，I/O 扩展单元与主单元分开安装。大量采用高集成度的专用集成电路，使整机所用的元器件大大减少，使得 PLC 的小型化也日趋明显。

2. 大型 PLC 功能不断增强

大型 PLC 产品向高性能、高速度、大容量方向发展。大型 PLC 多采用多 CPU 结构，控制规模不断扩大，目前单台 PLC 可控制成千上万个点，多台 PLC 可进行同级链接，控制几万个点。

3. 强化联网通信能力

由于 PLC 的联网通信能力与工厂的自动化水平密切相关，而且在同一系统中采用多种控制技术，对于解决复杂的工业控制问题，是一种很有吸引力的方法，因而强化通信能力是近几年 PLC 发展的一个重要方面。其趋势为向高速、多层次、大信息吞吐量、高可靠性及开放式的通信发展。

另外，现场总线 I/O 是现在的发展热点，它用开放的、独立的、全数字化的双向多变量通信代替现场电动仪表信号，集检测、数据处理、通信为一体，与工业计算机（IPC）组合，可以组成廉价的 DCS 系统。

PLC 的通信联网功能使 PLC 与个人计算器及其他智能控制设备之间可以交换信息，形成一个统一的整体，从而构成"集中管理、分散控制"的分布控制系统。若将智能化扩展到控制系统的各个环节，从传感器、变送器到 I/O 模块、执行器，无处不采用微处理芯片，则产生了智能分散系统。现在几乎所有 PLC 产品均有通信联网功能，通过双绞线、同轴电缆或光纤，信息可以传到几十千米远的地方。在网络中，个人计算机、图形工作站、小型机等可以作为监控站或工作站，它们能够提供屏幕显示、数据采集、分析处理、记录保留和回路面板显示等功能。各 PLC 生产厂商都有其自己的总线标准，如罗克韦尔自动化公司的 ControlNet、DeviceNet 和 EtherNet/IP 等，但同时它们又紧跟现场总线的发展潮流，并开始转向开放的网络协议。DeviceNet 已成为国际标准低压开关设备和控制设备——控制器设备接口标准，ControlNet 也已成为现场总线国际标准。

4. I/O 模块分散化、智能化

与不同的控制产品相互融合同步发展的是 I/O 模块智能化和控制分散化。以前由一台大型控制设备来处理的工作越来越多地由小型控制器组成的网络来实现或分散到智能 I/O 设备中。分散型 I/O 的特点是：I/O 与 CPU 单元不在一个机架或底板上，远程 I/O 就地分散安装。用双绞线或电缆与 CPU 单元高速通信，并且具有自诊断能力。

智能型 I/O 单元是以微处理器和存储器为基础的功能部件，其本身就是一个小的微型计算机系统，具有很强的信息处理能力和控制功能。如温度控制模块、位置控制模块、高速模拟量转换模块、高速计数模块等，使 PLC 能够完成更复杂的控制功能。这种自带微处理器的智能 I/O 模块，可以脱离 PLC 而独立工作，增强了 PLC 在工业控制应用的实时性。能完成许多 PLC 本身无法完成的任务，使系统的功能扩充和修改更为灵活，提高了 PLC 的适应性和可靠性。

5. 编程语言标准化

IEC 经过 10 年的调查研究，于 1993 年颁布了 PLC 编程软件标准——IECll31 - 3，为众多厂商的 PLC 编程软件的标准化和可移植性铺平了道路。IECll31 - 3 编程标准共有五种语言，其中三种是图形化语言：顺序功能图，另外两种是文本化语言，即指令表和结构文本。

IECll31 - 3 编程标准并不要求每个 PLC 都能运行全部上述五种语言，可以只运行其中一种或几种，但必须遵守该标准。为使 PLC 的软件模块化成为可能，将形成一个新的控制软件产业。编程工具也由专用编程器转向用计算机编程，而且可用高级语言编程，以实现复杂的控制算法。

6. 控制算法不断增加

PLC 的指令不断增多，使其具有更多的计算机处理功能，不仅能具有逻辑运算、计时、计数、算术运算、PID 运算、数据处理等功能，而且还能处理中断、调用子程序等。由于指令系统丰富，使得 PLC 能够实现逻辑控制、模拟量控制、数值控制及其他过程监控，甚至在某些方面可以取代小型计算机控制。

7. 迅速与其他工业产品整合

其他工业控制产品的发展对 PLC 虽然有冲击，但也有促进作用。将 PLC 与工业控制计算机（IPC）有机结合，可形成一种称为集成 PLC 的新型控制装置，它吸收了 IPC 的很多优点，如能进行复杂的数字运算，内存容量大，支持硬件设备多，具有开放的结构体系等，从而大大提高了系统的性能。擅长开关量处理和逻辑控制的 IPC 与擅长模拟量处理和回路控制的集散控制系统（DCS）结合，可以优势互补。PLC 还可以与计算机数控技术（CNC）整合，用于位置控制和速度控制。

8. 进一步向开放型发展

PLC 也有其致命的缺点，即软、硬件体系结构的封闭性，如专用总线、通信网络及协议、I/O 模块互不通用，甚至连框架、机架、电源模块亦各不相同；编程语言虽都有梯形图，但组态、寻址、语言结构均不一致。使 PLC 受到工业计算机的挑战，这一挑战在一定程度上改变了 PLC 的结构和 PLC 的 I/O 应用方式，促使 PLC 进一步向开放型发展。可以说 PLC 需要解决的问题依然是新技术的采用、系统的开放性和价格。当前的最大发展趋势为面向 EtherNet 技术和基于 Web 服务器技术，利用 EtherNet 和 Web 的连接特性，工业用户不但可以从任何地方监控系统的运行状况，还可以像利用系统手册一样在线获取所需要的任何数据信息。当然，这也就要求系统必须为此设置安全的信息发布地址，还需安装安全性能较好的防火墙软件，以防黑客。同时为保证可靠性，还需采用冗余、热备份等方式。PLC 的开放环境在很大程度上依赖于软件和 PLC 的联网技术，PLC 的标准化也是 PLC 迈向开放型控制系统的重要步伐。

PLC 今后的发展趋势是采用更开放式的应用平台，网络操作系统监控及显示均采用国际标准或工业标准，以使不同厂家的 PLC 产品在同一个网络中运行。

第二节 PLC 的基本组成和工作原理

一、PLC 的基本组成

PLC 系统由硬件系统和软件系统两大部分组成。

（一）PLC 的硬件组成

PLC 的类型繁多，功能和指令系统也不尽相同，但结构与工作原理则大同小异，通常由 CPU、输入/输出接口、电源扩展器接口和外部设备接口等几个主要部分组成。PLC 的硬件系统结构如图 2 - 1 所示。

1. 中央处理器 CPU

中央处理器（CPU）是 PLC 的核心，一般由控制器、运算器和寄存器组成。这些电路都集成在一个芯片内，CPU 通过数据总线、地址总线和控制总线与存储单元、输入/输出接口电路相连接。

CPU 的主要功能是：

（1）按 PLC 中系统程序赋予的功能，接收并存储从编程器输入的用户程序和数据。

（2）按周期扫描方式，从存储器中逐条读取指令，并存入程序寄存器中。

（3）将指令寄存器的指令操作码进行译码，执行指令规定的任务，产生相应的控制

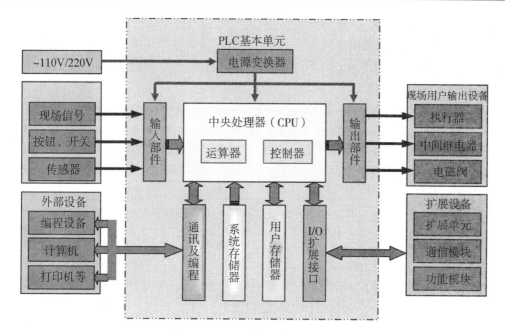

图 2-1　PLC 硬件系统组成框图

信号，启/闭有关控制门电路，并根据运算结果更新有关标志和输出映象寄存器的内容，实现输出控制、打印及数据通信等功能。

（4）执行系统诊断程序，诊断电源、PLC 内部电路的工作状态和编程过程中的语法错误等。

2. 存储器

PLC 的存储器主要用于存放系统程序、用户程序和数据。常用的存储器形式有 CMOS RAM、EPROM 和 EEPROM。

（1）系统存储器用来存储制造厂商编写的系统程序，厂家把这些程序存入 EPROM 或 EEPROM 中，用户不能直接存取。

（2）用户存储器分为程序存储器和数据存储器。

程序存储器用来存放编制的应用程序，由用户通过编程器输入 CMOS RAM，便于随时修改，也可存放在 EEPROM 中。

数据存储器用来存放 PLC 的数据，由于数据在控制器中经常变化、经常存取，因此一般选用 CMOS RAM。

由于断电后 RAM 中的内容会丢失，因此要配后备电池。EEPROM 中的内容可用电信号擦写，掉电后内容不会丢失，故新型 PLC 多采用此类存储器模块作为附件订购。

3. 输入/输出（I/O）接口

输入/输出接口又称 I/O 接口或 I/O 模块，是 PLC 与外围设备之间的连接部件。输入/输出模块分为数字量输入/输出模块和模拟量输入/输出模块两大类。

数字量输入/输出模块用来接收和采集现场设备的输入信号，包括按钮、选择开关、行程开关、继电器触点、接近开关、光电开关、数字拨码开关等数字量输入信号，以及用来对各执行机构进行控制的输出信号，包括向接触器、电磁阀、指示灯和开关等输出的数字量输出信号。模拟量输入/输出模块能直接接收和输出模拟量信号。

输入/输出模块通常采用滤波器、光电耦合器或隔离脉冲变压器将来自现场的输入信号或驱动现场设备的输出信号与 CPU 隔离，以防止外来干扰引起的误动作或故障。

（1）数字量 I/O 模块。

① 数字量输入模块。

直流输入模块：直流输入模块外接直流电源，电路如图 2-2 所示。有的输入模块内部提供 24V 直流电源，称作无源式输入模块，用户只需将开关接在输入端子和公共端子之间即可。

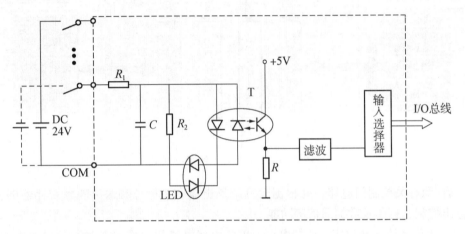

图 2-2　直流输入电路

交流输入模块：交流输入模块外接交流电源，电路如图 2-3 所示。

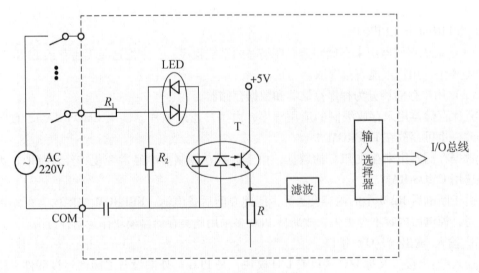

图 2-3　交流输入电路

在如图 2-2 和图 2-3 所示的输入电路中，输入端子有一个公共端子 COM，即有一个公共汇集点，因此称为汇点式输入方式。除此之外，输入模块还有分组式和分隔式。分组式输入模块的输入端子分为若干组，每组共用一个公共端子和一个电源。分隔式输入模块的输入端子互相隔离，互不影响，各自使用独立的电源。

②数字量输出模块

晶体管输出模块：在晶体管输出模块中，输出电路采用三极管作为开关器件，电路如图 2 - 4 所示。晶体管数字量输出模块为无触点输出，使用寿命长，响应速度快。

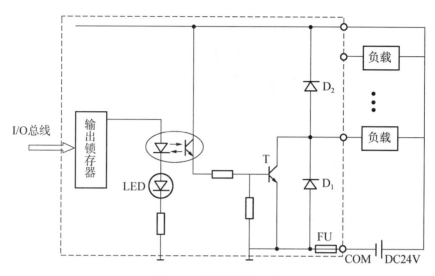

图 2 - 4　晶体管输出电路

继电器输出模块：在继电器输出模块中，输出电路采用的开关器件是继电器，电路如图 2 - 5 所示。继电器输出电路中的负载电源可以根据需要选用直流或交流。继电器的工作寿命有限，触点的电气寿命一般为 10 万～30 万次，因此需要在输出点频繁通断的场合（如脉冲输出），应使用晶体管型输出电路模块。另外，继电器线圈得电到触点动作，存在延迟时间，这是造成输出滞后输入的原因之一。

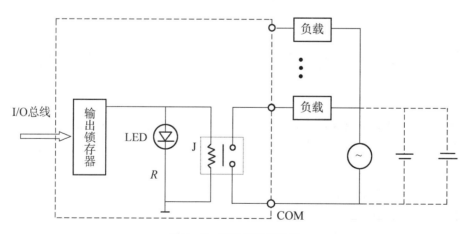

图 2 - 5　继电器输出电路

双向晶闸管输出模块在双向晶闸管输出模块中，输出电路采用的开关器件是光控双向晶闸管，电路如图 2 - 6 所示。

输出模块按照使用公共端子的情况分类，有汇点式、分组式和分隔式三种接线方式。

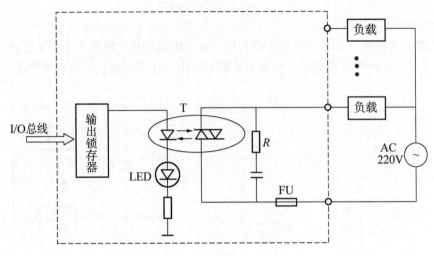

图 2-6　晶闸管输出电路

在一些晶体管 I/O 模块中，对外接设备的电流方向是有要求的，即有灌电流（Sink）与拉电流（Source）之分。四种直流输入/输出接线方式如图 2-7 所示。

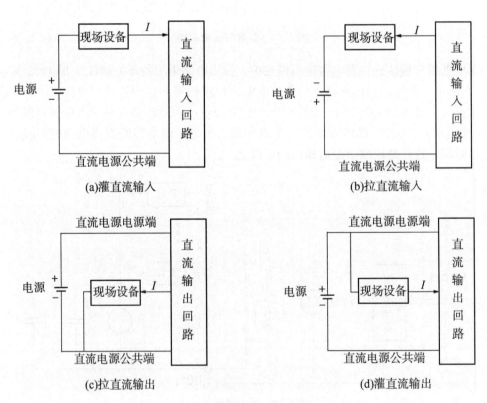

(a)灌直流输入　　　　　　　　　　　(b)拉直流输入

(c)拉直流输出　　　　　　　　　　　(d)灌直流输出

图 2-7　四种直流输入/输出接线方式

（2）模拟量 I/O 模块。

模块量 I/O 模块基本原理：用来接收和采集由电位器、测速发电机和各种变送器等送来的连续变化的模拟量输入信号以及向调节阀、调速装置输出模拟量的输出信号。模拟量输入模块将各种满足 IEC 标准的直流信号（如 4～20mA、1～5V、–10～+10V、0～10V）转换成 8 位、10 位、12 位或 16 位的二进制数字信号送给 CPU 进行处理，模拟量输出模块将 CPU 的二进制信号转换成满足 IEC 标准的直流信号，提供给执行机构。

模拟量输入模块的内部结构如图 2-8 所示，从图中可知，它的每一路输入端子都有电压输入和电流输入两种，用户可以通过拨码开关、跳线来选择输入方式。新型的 PLC 可通过编程软件设置。

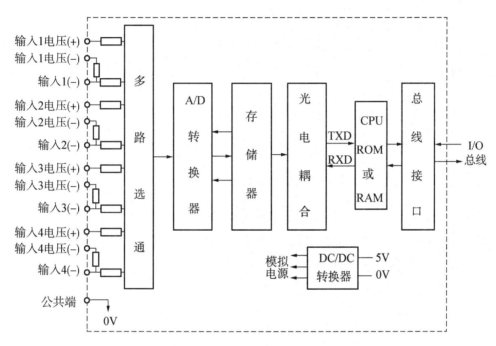

图 2-8 模拟量输入模块结构

模拟量输入模块主要实现将模拟量输入信号通过 A/D 转换器转换为二进制数字量的功能。以 12 位二进制数据为例来说明模拟量输入信号与 A/D 转换后数据之间的关系，如图 2-9 所示。

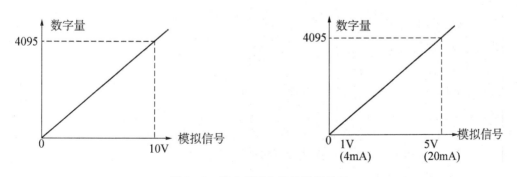

图 2-9 输入信号与转换数据关系

模拟量输出模块的内部结构如图 2-10 所示。从图中可知，它的每一路输出端子都有电压输出和电流输出两种，用户可以通过拨码开关、跳线选择输出方式。新型的 PLC 可通过编程软件设置。

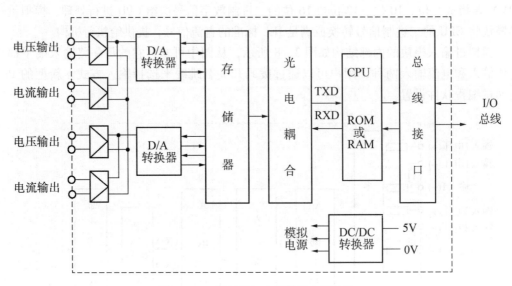

图 2 - 10　模拟量输出模块的内部结构

如图 2 - 11 所示，模拟量输出模块主要通过 D/A 转换器完成二进制数字量转换为模拟量的功能，并最终将模拟量信号输出到端子上，以 12 位二进制数据为例来说明数字量输入与模拟量输出之间的转换关系。

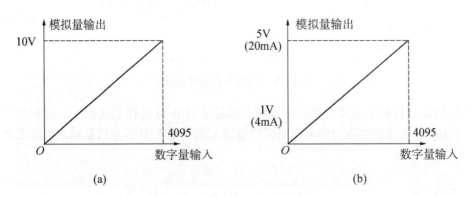

图 2 - 11　数字量输入与 D - A 转换关系

4. 通信模块

通信模块是用来将控制器模块连接到不同网络的设备。本文以 A - B 公司 ControlLogix 通信模块为例进行说明。

在 ControlLogix 框架上安装通信模块后，就可以访问相应的网络。网络与网络之间可以通过 ControlLogix 的框架背板实现无缝连接。

（1）以太网通信模块。

EtherNet/IP 是一种开放式的工业网络协议。EtherNet/IP 网络采用以太网通信芯片、物理介质（非屏蔽双绞线）及其拓扑结构，通过以太网交换机实现各设备间的互联，能够同时支持 10M 和 100M 以太网设备。EtherNet/IP 的协议由 IEEE802.3 的物理层和数据链路层标准、TCP/IP 协议组和通用工业协议 CIP（Common Industry Protocol）3 个部分构成，前两部分为标准的以太网技术，这种网络的特色就是其应用层采用通用工业协议（CIP），即 EtherNet/IP 提高了设备间的互操作性。ControlNet 和 DeviceNet 网络中的应用层协议也采用了 CIP。CIP 一方面提供实时 I/O 通信，另一方面实现信息的对等传输，用以实现非实时的信息交换。

ControlLogix 通过以太网模块和 EtherNet/IP 网络进行通信，如图 2 - 12 所示。

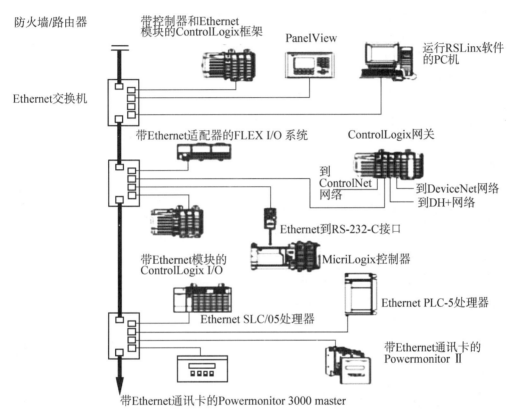

图 2 - 12　以太网通信模块

在使用该模块时，需要对它的 IP 地址进行设置。

（2）控制网通信模块。

ControlLogix 控制系统同 ControlNet 网络进行通信是通过 1756 - CNB 或者 1756 - CNBR 以及 1756 - CN2 模块实现的。这些模块的节点地址通过模块顶部的拨码开关进行设置，如图 2 - 13 所示。

ControlNet 网络能够对苛刻任务控制数据提供确定的、可重复的传输，同时支持对时间无苛刻要求的数据转输。I/O 数据的更新和控制器之间的互锁始终优先于程序的上传/下载、常规报文传输。

ControlNet 网络一般采用总线型结构。

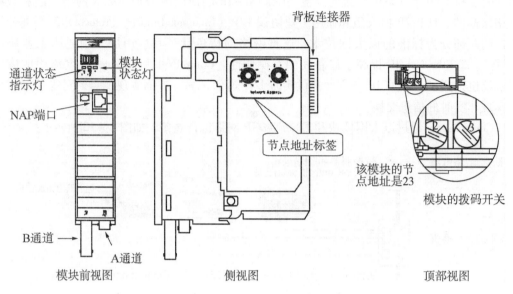

图 2 – 13　控制网通信模块

5. 通信接口与扩展接口

PLC 配有通信接口，可与监视器、打印机、其他 PLC、计算机等设备实现通信。PLC 与编程器或写入器连接，可以用于接收用户程序；PLC 与打印机连接，可将过程信息、系统参数等打印出来；PLC 与人机界面（如触摸屏）连接，可以在人机界面监控 PLC；PLC 与其他 PLC，可组成多机系统或连成网络，实现更大规模的控制；PLC 与计算机连接，可组成多级分布式控制系统，实现控制与管理相结合。

为了提升 PLC 性能，增强 PLC 的控制功能，可以通过扩展接口给 PLC 增接一些专用功能模块，如高速计数模块、闭环控制模块、运动控制模块、中断控制模块等。

6. 电源

PLC 一般采用开关电源供电，与普通电源相比，PLC 电源稳定性好，抗干扰能力强，对电网提供的电源稳定度要求不高，一般允许交流电压在其额定值 ±15% 范围内波动，可以不采取其他措施而将 PLC 直接连接到交流电网上去。有些 PLC 还可以通过端子往外提供直流 24V 稳压电源。

以 ControlLogix 电源模块为例，1756 框架上的电源模块直接给框架的背板提供 1.2V、3.3V、5V 和 24V 的直流电源。

电源模块有标准电源模块（例如：1756 – PA72、1756 – PB72、1756 – PA75、1756 – PB75、1756 – PC75 和 1756 – PH75）和冗余电源模块（例如：1756 – PA75R 和 1756 – PB75R）。

严格地说，在选择电源模块时应当将框架内的所有模块的电流累加起来。1756 – PA72 和 1756 – PB72 电源模块提供 10A 的背板电源。1756 – PA75、1756 – PB75、1756 – PC75 和 1756 – PH75 电源模块提供 13A 的背板电流。对于电压的选择则要根据现场所提供的电源类型来进行。例如，现场提供 220V 的交流电压，框架内模块所需背板提供的电流在 11A 左右，最好选择 1756 – PA75 模块。

　　当电源模块的供电电压降到极限电压以下时，每个交流输入电源模块都在背板上发出关机信号。当模块的供电电压回升到极限电压以上时，则关机信号消失。该关机信号可确保将有效的数据存入控制器的内存。

二、PLC 工作原理

　　PLC 是一种特殊的计算机，但它的工作方式与计算机有很大的不同。微型计算机一般采用等待命令的工作方式，如键盘扫描方式或 I/O 扫描方式，当有按键按下或有 I/O 动作时，转入相应子程序去处理。也有的是去轮询某一变量，并据此决定下一步的操作，但PLC 要查看的变量（输入信号）太多，采用这种等待查询的方式已不能满足实时控制要求。因此 PLC 采用了循环扫描的工作方式，在每个循环周期中采样所有的输入信号，并执行一系列操作。

　　在 PLC 接通电源后，进行循环扫描之前，首先要进行初始化处理，在初始化阶段，PLC 检查 I/O 单元连接是否正确、进行系统清零和复位处理，以消除各元件状态的随机性；执行一段涉及各种指令和内存单元的程序，以确定自身的完好性，如果 PLC 自身完好，则允许进入周期循环扫描工作，否则就停止 CPU 工作。

　　PLC 的每个循环周期包括内务处理、通信服务、输入采样、执行用户程序与输出刷新5 个工作过程。整个过程扫描一次所需的时间称为扫描周期，每个扫描周期又分为以下几个阶段。

　　1. 内务处理

　　在内务处理阶段，PLC 复位监控定时器、更新内部寄存器，并完成内存管理工作和一些其他工作。另外，在此阶段 PLC 再次进行自诊断，检查 I/O 部分、用户程序存储器和CPU 等是否正常，若发现故障，则置位有关错误标志，再判断故障性质。若为一般性故障，则只报警而不停机，等待处理；若是严重故障，则停止运行用户程序，并自动切断所有输出。

　　2. 通信服务

　　PLC 在通信服务期间与其他设备（如编程器、计算机及网络上的其他 PLC 等）进行通信。

　　3. 输入采样

　　PLC 在输入处理阶段，读取所有输入端的状态和数据，如按键，开关的通、断状态，A/D 转换值，BCD 码数据等，并把这些数据按预先安排好的顺序和地址存入输入映像寄存器。在 PLC 进行其他扫描阶段，即使输入状态发生变化，输入映像寄存器的内容也不会被改变，只有在下一个扫描周期的输入采样阶段才能被更新。

　　4. 执行用户程序

　　PLC 的用户程序是按先左后右、先上后下的顺序执行的，对于梯形图程序是从第一条指令开始逐条执行，程序执行的过程中，从输入映像寄存器或其他寄存器中读取指令相关的数据状态，然后根据用户程序执行的结果，确定输出映像寄存器或其他寄存器的状态，并存入相应的寄存器中。为了进一步满足工业控制中实时性的要求，在特殊情况下，可以用 PLC 的中断功能或跳转指令来改变用户程序的执行顺序。

5. 输出刷新

在输出刷新期间，控制器根据输出映像寄存器的状态，通过输出接口把内部逻辑信号转换成与执行机构相适应的电信号输出，从而把 PLC 输出数据传送到外部输出端，以控制外部设备的操作。

PLC 上电后有两种基本的工作状态，即运行（RUN）状态和停止（STOP）状态（有些 PLC 也称为编程 PROG 状态）。PLC 在运行状态时，每个周期扫描都执行上述 5 个扫描过程；在停止（或编程）状态，只完成内务处理和通信服务两个工作过程。

三、PLC 的 I/O 响应时间

一个扫描周期的典型值为：$1 \sim 100ms$。

输入/输出的滞后时间又称为系统的响应时间，是指 PLC 的外部输入信号发生变化的时刻至它控制的有关外部输出信号发生变化的时刻之间的间隔。它由输入电路滤波时间、输出电路的滞后时间和因扫描工作方式产生的滞后时间三部分组成。

输入模块的 RC 滤波电路用来滤除由输入端引起的干扰噪声，消除因外接输入触点动作时产生的抖动引起的不良影响，滤波电路的时间常数决定了输入滤波时间的长短，其典型值为 10ms 左右。

输出模块的滞后时间与模块的类型有关，继电器型输出电路的滞后时间一般在 10ms 左右；双向可控硅型输出电路在负载接通时的滞后时间约为 1ms，负载由导通到断开时的最大滞后时间为 10ms；晶体管型输出电路的滞后时间一般在 1ms 左右。

由扫描工作方式引起的滞后时间最长可达到两个多扫描周期。

可编程序控制器总的响应延迟时间一般只有几十毫秒，对于一般的系统是无关紧要的。要求输入 – 输出信号之间的滞后时间尽量短的系统，可以选用扫描速度快的可编程序控制器或采取其他措施。

从微观上来考察，由于 PLC 特定的扫描方式，程序在执行过程中所用的输入信号是本周期内采样阶段的输入信号。若在程序执行过程中，输入信号发生变化，其输出不能即时做出反应，只能等到下一个扫描周期开始时采用该变化了的输入信号。另外，程序执行过程中产生的输出不是立即去驱动负载，而是将处理的结果存放在输出映像寄存器中，等程序全部执行结束，才能将输出映像寄存器的内容通过锁存器输出到端子上。因此，PLC 的输入/输出产生滞后现象。但对一般工业设备来说，其输入为一般的开关量，其输入信号的变化周期（秒级以上）大于程序扫描周期（毫微秒级），因此从宏观上来考察，输入的信号一旦变化，就能立即进入输入映像寄存器。也就是说，PLC 的输入/输出滞后现象对一般工业设备来说是完全允许的。但对某些设备，如需要输出对输入做快反应，这时可采用快速响应模块、高速计数模块以及中断处理等措施来尽量减少滞后时间。

四、PLC 的软件

PLC 的软件包含系统软件及应用软件两大部分。

1. 系统软件

系统软件是指系统的管理程序、用户指令的解释程序及一些供系统调用的专用标准程序块等。系统管理程序用于完成 PLC 运行相关时间分配、存储空间分配管理和系统自检等工作。用户指令的解释程序用于完成用户指令变换为机器码的工作。系统软件由 PLC 制造厂商设计编制好，在用户使用 PLC 之前就已装入机内，并永久保存，用户无法修改。

2. 应用软件

应用软件又称为用户软件、用户程序，是由用户根据控制要求，采用 PLC 专用的程序语言编制的应用程序。

目前 PLC 常用的编程语言有梯形图、指令表、顺序功能图、功能块图等。其中，梯形图应用最广泛，它是一种以图形符号及图形符号在图中的相互关系表示控制关系的编程语言，从继电器电路图演变过来的，具有形象、直观、实用的特点。

指令表又称为语句表。语句表与微型计算机采用的汇编语言类似，也采用助记符形式编程。在使用简易编程器对 PLC 进行编程时，一般采用语句表语言，这主要是因为简易编程器显示屏很小，难于采用梯形图语言编程。

顺序功能图语言又称状态转移图语言，是一种较新的编程语言。对于一个复杂的控制系统，特别是顺序控制，由于系统连锁、互动关系较复杂，采用梯形图语言编制会使程序庞大。顺序功能图语言适合编制复杂的顺序控制程序，它将一个完整的控制过程分为若干阶段，各阶段具有不同的动作，阶段间有一定的转换条件，转换条件满足就实现阶段转移，上一阶段动作结束，下一阶段动作开始。

除了上述 3 种编程语言外，还有逻辑图编程语言和高级语言编程语言等。

五、上位机监控组态软件

组态软件是伴随着计算机系统的开放式体系结构而产生的，它利用系统软件提供的工具，通过简单形象的组态工作即可实现监控功能的软件，具有实时显示现场设备运行状态参数、故障报警信息并进行数据记录、趋势图分析及报表打印等功能。组态软件的使用缩短了项目开发周期，避免了许多重复性开发工作。因而，组态软件深受科技人员的重视和青睐。

组态软件应选择运行在通用的操作系统上的 MMI（或 HMI，人机交互界面）软件，支持标准 IEEE802 网络协议，能与多种工业 I/O、PLC、RTU 等现场控制设备通信互联。

组态软件应具有标准的数据接口，可与多种数据库通信，支持通用的数据交换协议（DDE、ODBC、OPC）等，支持多种数据库操作及数据格式转化，易与 MIS、GIS、ERP 等集成。

组态软件应支持中文界面，具有丰富的作图组件和图片支持功能、良好的组态定义功能和组态方式，便于进行应用软件的开发。

常见的组态软件有 Rockwell 公司的 RSView、Wonderware 公司的 InTouch、Intellution 公司的 FIX、CIT 公司的 Citech、Siemens 公司的 WinCC 以及国内一些组态软件。其中，罗克韦尔自动化公司软件的 RSView 组态软件以其独有的特点成为具有代表性的组态软件之一，在第二章第四节"自动化软件实例介绍"将有详细的论述。这里简单介绍其他几个国内常用的组态软件。

1. InTouch

Wonderware 的 InTouch 软件是最早进入我国的组态软件。Wonderware 公司成立于 1987 年，是在制造运营系统率先推出 Microsoft Windows 平台的人机界面（HMI）自动化软件的先锋，是世界第一家推出组态软件的公司。

早期的 InTouch 软件采用 DDE 方式与驱动程序通信，性能较差。InTouch7. 0 版基于 32 位的 Windows 平台，并且提供了 OPC 支持，在石溪水厂有应用。

2. FIX

Intellution 公司以 FIX 组态软件起家，1995 年被爱默生收购，现在是爱默生集团的全资子公司，FIX6. X 软件提供工控人员熟悉的概念和操作界面，提供完备的驱动程序。Intellution 将自己最新的产品系列命名为 iFIX。在 iFIX 中，Intellution 的产品与 Microsoft 的操作系统、网络进行了紧密的集成。Intellution 也是 OPC 组织的发起成员之一。

3. Citech

CIT 公司的 Citech 也是较早进入中国市场的产品。Citech 具有简洁的操作方式，但其操作方式更多的是面向程序员，而不是工控用户。Citech 提供了类似 C 语言的脚本语言进行二次开发，但与 iFIX 不同的是，Citech 的脚本语言并非是面向对象的，而是类似于 C 语言，这无疑为用户进行二次开发增加了难度。

4. WinCC

西门子的 WinCC 也是一套完备的组态开发环境，西门子提供类 C 语言的脚本，包括一个调试环境。WinCC 内嵌 OPC 支持，并可对分布式系统进行组态。

5. 组态王

组态王是国内第一家较有影响的组态软件开发公司。它提供了资源管理器式的操作主界面，并且提供了以汉字作为关键字的脚本语言支持。组态王也提供多种硬件驱动程序。

六、触摸屏

触摸屏是一种新型的数字系统输入设备，它有着良好的抗干扰特性与应用稳定性，在工业生产线乃至日常生活的不同应用环境下都有着广阔的应用前景。

工业触摸屏通过触摸式显示器把人和机器连为一体，是替代传统控制按钮和指示灯的智能化操作显示终端。它可以用来设置参数、显示数据、监控设备状态，以曲线/动画等形式描绘自动化控制过程，不但可以对 PLC 进行操控，还可在触摸屏上实时监测 PLC 工作状态，具有良好的人机交互功能。

（一）触摸屏的基本结构

触摸屏系统一般包括触摸屏控制器（卡）和触摸检测装置两个部分。其中，触摸屏控制器（卡）的主要作用是从触摸点检测装置上接收触摸信息，并将它转换成触点坐标，再送给 CPU，它同时能接收 CPU 发来的命令并加以执行。触摸检测装置一般安装在显示器的前端，主要作用是检测用户的触摸位置，并传送给触摸屏控制卡。

图 2 - 14 为 ROCKWELL PanelView Plus 型工业触摸屏典型结构。

（二）触摸屏的种类及工作原理

按照触摸屏的工作原理和传输信息的介质，触摸屏主要分为四种：电阻式、电容式、红外线式以及表面声波式。

1. 电阻式触摸屏

电阻式触摸屏利用压力感应进行控制。其主要部分是一块与显示器表面非常配合的电

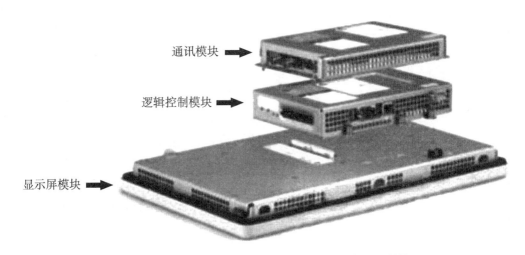

通讯模块

逻辑控制模块

显示屏模块

图 2 - 14　ROCKWELL PanelView Plus 型工业触摸屏结构

阻薄膜屏，这是一种多层的复合薄膜，它以一层玻璃或硬塑料平板作为基层，表面涂有一层透明氧化金属（透明的导电电阻）导电层，上面再盖有一层外表面硬化处理、光滑防擦的塑料层，内表面也涂有一层涂层，在他们之间有许多细小的（小于 1/1000 英寸）的透明隔离点把两层导电层隔开绝缘。当手指触摸屏幕时，两层导电层在触摸点位置就有了接触，电阻发生变化，在 X 和 Y 两个方向上产生信号，然后送触摸屏控制器。控制器侦测到这一接触并计算出（X，Y）的位置，再根据模拟鼠标的方式运作。这就是电阻技术触摸屏的最基本的原理。

电阻屏根据引出线数多少，分为四线、五线、六线电阻式触摸屏。

电阻式触摸屏的关键在于材料科技，常用的透明导电涂层材料有：

（1）ITO，氧化铟，弱导电体，特性是当厚度降到 180 nm（$1 nm = 10^{-9} m$）以下时会突然变得透明，透光率为 80%，再薄下去透光率反而下降，到 300 Å 厚度时又上升到 80%。ITO 是所有电阻技术触摸屏及电容技术触摸屏都用到的主要材料，实际上电阻和电容技术触摸屏的工作面就是 ITO 涂层。

（2）镍金涂层，五线电阻触摸屏的外层导电层使用的是延展性好的镍金涂层材料，外导电层由于频繁触摸，使用延展性好的镍金材料目的是为了延长使用寿命，但是工艺成本较为高昂。镍金导电层虽然延展性好，但是只能作透明导体，不适合作为电阻触摸屏的工作面，因为它导电率高，而且金属不易做到厚度非常均匀，不宜作电压分布层，只能作为探层。

不管是四线电阻触摸屏还是五线电阻触摸屏，它们都是一种对外界完全隔离的工作环境，不怕灰尘和水汽，它可以用任何物体来触摸，可以用来写字画画，比较适合工业控制领域使用。

2. 电容式触摸屏

电容式触摸屏利用人体的电流感应进行工作。

电容式触摸屏是一块四层复合玻璃屏，玻璃屏的内表面和夹层各涂有一层 ITO，最外层是一薄层矽土玻璃保护层，夹层 ITO 涂层作为工作面，四个角上引出四个电极，内层

ITO 为屏蔽层以保证良好的工作环境。当手指触摸在金属层上时，由于人体电场，用户和触摸屏表面形成以一个耦合电容，对于高频电流来说，电容是直接导体，于是手指从接触点吸走一个很小的电流。这个电流分别从触摸屏的四角上的电极中流出，并且流经这四个电极的电流与手指到四角的距离成正比，控制器通过对这四个电流比例的精确计算，得出触摸点的位置。

电容式触摸屏耐磨损、寿命长、维护成本低，在生产后只需要一次或者完全不需要校正，而电阻技术需要常规的校正。电容技术在光损失和系统功耗上优于电阻技术，智能手机触摸屏采用的正是电容式触摸屏。但电容式触摸屏漂移较大，当环境温度、湿度改变时，环境电场发生改变时，都会引起电容屏的漂移，造成不准确。而且电容屏反光严重，由于电容技术的四层复合触摸屏对各波长光的透光率不均匀，存在色彩失真的问题。并且由于光线在各层间的反射，还造成图像字符的模糊。

3. 红外线式触摸屏

红外线式触摸屏是利用 X、Y 方向上密布的红外线矩阵来检测并定位用户的触摸。红外线式触摸屏在显示器的前面安装一个电路板外框，电路板在屏幕四边排布红外发射管和红外接收管，一一对应形成横竖交叉的红外线矩阵。用户在触摸屏幕时，手指就会挡住经过该位置的横竖两条红外线，因而可以判断出触摸点在屏幕的位置。任何触摸物体都可改变触点上的红外线而实现触摸屏操作。早期观念上，红外触摸屏存在分辨率低、触摸方式受限制和易受环境干扰而误动作等技术上的局限，因而一度淡出过市场。此后第二代红外触摸屏部分解决了抗光干扰的问题，第三代和第四代在提升分辨率和稳定性能上亦有所改进，但都没有在关键指标或综合性能上有质的飞跃。但是，红外触摸屏不受电流、电压和静电干扰，适宜恶劣的环境条件，红外线技术是触摸屏产品最终的发展趋势。

4. 表面声波式触摸屏

表面声波是超声波的一种，在介质（例如玻璃或金属等刚性材料）表面浅层传播的机械能量波。表面声波触摸屏的触摸屏部分可以是一块平面、球面或是柱面的玻璃平板，安装在 CRT、LED、LCD 或是等离子显示器屏幕的前面。玻璃屏的左上角和右下角各固定了竖直和水平方向的超声波发射换能器，右上角则固定了两个相应的超声波接收换能器。玻璃屏的四个周边则刻有 45°角由疏到密间隔非常精密的反射条纹。

表面声波触摸屏清晰度较高，透光率好，高度耐久，抗刮伤性良好（相对于电阻、电容等有表面镀膜），反应灵敏，不受温度、湿度等环境因素影响，分辨率高，寿命长（维护良好情况下 5000 万次）；透光率高（92%），能保持清晰透亮的图像质量；没有漂移，只需安装时一次校正；有第三轴（即压力轴）响应，目前在公共场所使用较多。

表面声波屏需要经常维护，因为灰尘、油污甚至饮料的液体沾污在屏的表面，都会阻塞触摸屏表面的导波槽，使波不能正常发射，或使波形改变而控制器无法正常识别，从而影响触摸屏的正常使用，用户需严格注意环境卫生。必须经常擦抹屏的表面以保持屏面的光洁，并定期作一次全面彻底擦除。

（三）触摸屏与 PLC 的连接

触摸屏与 PLC 进行连接时使用的是 PLC 的内存（触摸屏也有少量内存，仅用于存储系统数据，即画面、控件等），触摸屏与 PLC 通信一般是主/从关系，即触摸屏从 PLC 中读取数据，触摸屏与 PLC 通信一般不需要单独的通信模块，大多数 PLC 有集成的端口与触摸屏通信，如 AB 的 MicroLogix1400 控制器有一个隔离的 RS – 232C/485 组合端口和一个非隔离的 RS – 232C 端口可供连接使用。

第三节 PLC 实例介绍

目前，世界上生产可编程控制器产品比较著名的厂家有：美国的 AB（Allen – Bradley）公司（现已被美国的罗克韦尔 Rockwell 公司收购，AB 商标属 Rockwell），德国的西门子公司（SIEMENS），日本的三菱公司（MITSUBISHI）、欧姆龙公司（OMRON）等。国内也有一些正在发展中的 PLC 厂家，如北京和利时、浙大工控。

水厂 PLC 自动控制系统大多数始建于 20 世纪 90 年代中期，大部分采用进口 PLC 设备。现以在水行业应用广泛的罗克韦尔自动化公司（按习惯沿用旧称 AB）PLC 产品进行介绍。

一、网络架构

当今自动化系统已经发展成集成控制系统，它将许多控制设备集成在一起，如从按钮到可编程控制器、从传感器到软件、从拖动装置到信息显示器，并要求能够协调工作，具有足够的灵活性，以适应不断变化的生产需求。

罗克韦尔自动化公司设计的开放式网络体系结构，它将系统与设备有机地结合在一起，将信息流扩展至整个生产过程，以及利用企业的其他信息，将工厂各车间连接成网络，从而实现过程控制数据与信息方便可靠地在可编程序控制器、人机接口、变频器、DCS 之间进行交换传递。

（一）网络结构

罗克韦尔自动化公司的开放式网络体系结构中包含有三个网络层：信息层、控制层和设备层。

1. 信息层

这是整个自动化网络的最高层，也是对现场采集到的数据和信息进行处理和管理的一层。

信息层主要用于上层计算机系统采集和监视全厂范围控制系统的数据，以实现工厂级管理功能，其特点是数据量大而实时性要求不高。这一层一般采用传送信息量比较大的 EtherNet 来完成信息的管理任务，它采用公共标准的 TCP/IP 使各种主计算机和不同厂商的 PLC 可以互联，在必要时也可以进行一些控制和协调工作。

2. 控制层

这是操作所在的一层，它将处理器与处理器之间的信息交流、处理器与输入/输出接口之间的信息交流集成在这一层。

控制层在各个 PLC 之间及其与各智能化控制设备之间进行控制数据的交换、控制的协调、网上编程和程序维护、远程设备配置和查/排错误等，也可以连接各种人机界面产品对系统进行监控。这一层通常采用同级对等通信网络，如 ControlNet、DH + 或 DH – 485 等。

3. 设备层

这是面向现场设备的一层，也是整个自动化网络的最低层，它可以将操作信息送到现场设备，也可以将现场设备的情况反馈到操作者。

设备层将底层的设备直接连接到车间控制器上。这种连接无须通过 I/O 模块，即可用方便而快速的通信链路采集来自现场设备（如传感器、驱动器等）的各种数据，并对其进行配置和监视。设备网通常是主从网络如 DeviceNet 现场总线、远程 I/O 网等。

这种从底层到高层全部开放的、扁平的网络体系结构使控制功能高度分散，网络/设备诊断和纠错功能极其强大，接线、安装、系统调试时间大大减少，可实现数据（包括大容量数据）共享以及主/从、多主、广播和对等的通信，是当前最优的开放网络结构之一。

（二）开放型网络

根据开放式网络体系结构，罗克韦尔自动化 A-B 推出了由以太网、控制网和设备网所组成的开放型网络，如图 2-15 所示。其中，以太网是以 TCP/IP（传输控制协议/网际协议）作为其传输协议的开放型的网络信息层；控制网是一个开放型的现代化的控制网络，可以提供可编程序控制器、输入/输出机架、个人计算机、第三方软硬件以及相关输入/输出设备间的实时通信；设备网是一个开放型的全球化的工业标准通信网络，无须中间的输入/输出系统就可以将现场设备和可编程序控制器直接相连。

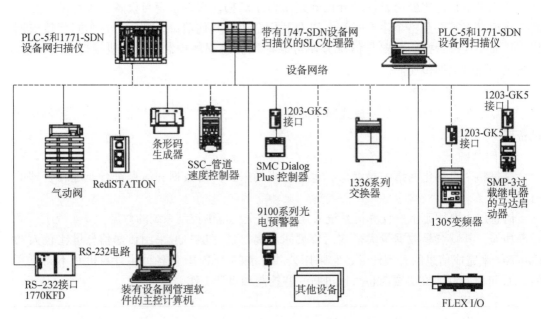

图 2-15　设备网网络的典型结构

1. 设备网（DeviceNet）

采用设备网，只需通过一根电缆就能够将可编程序控制器直接连接到智能化设备，如传感器、按钮、马达启动器、变频器、简单的操作员接口等，省却了可编程序控制器与输入/输出网络的通信、输入/输出网络与现场设备的硬连线。正是由于设备网可以省却输入/输出网络的这一特点，它才可以使产品集成变得容易，使产品安装和连线费用降低。同时，通过采用全新的生产者/客户（Producer/Consumer）通信模式，又为设备网提供了强有力的故障诊断和故障查询能力。采用设备网扫描器（1771 – SDN、1747 – SDN），PLC、SLC500 系列可编程序控制器可以连接到设备网，一方面实现了可编程序控制器到现场设备的直接通信，另一方面又可以将设备网和用户现有的 AB 系统集成在一起。采用 1784 – PCD、1770 – KFD、1770 – KFDG 等插卡，还可以将个人计算机、工作站、笔记本电脑等接入设备网，从而可以直接在计算机上对现场设备的操作进行编程，如变频器的加速速率和减速速率。此外，设备网不仅可提供大量的数字量 I/O 接口，而且可以通过 FF（Foundation Fieldbus）现场总线提供大量的模拟量 I/O 接口，因而许多应用场合都可以采用设备网来作为其解决方案。

2. 控制网（ControlNet）

采用生产者/客户（Producer/Consumer）通信模式，控制网结合了输入/输出网络和点对点信息网络的功能，既可以满足对时间苛求的控制数据传输（如 I/O 刷新、控制器到控制器的互锁）的需要，又可以满足对时间非苛求的数据传输（如程序上载、下载、信息传送）的需要。控制网适用于实时、高信息吞吐量的应用场合，它的数据传输速率高达 5M Bps。因为它的这种高速率，控制网可以支持高度分布式的自动化系统，特别是那些具有高速数字量 I/O 和大量模拟量 I/O 的系统。I/O 机架和其他设备可以安放在离可编程序控制器几百米远的地方，或者，对于分布式控制系统来说，可以将可编程序控制器放置在 I/O 机架中，这样，PLC 可以在监视其驻留本地 I/O 的同时通过控制网与上一级管理控制器进行通信。

控制网能够处理在一根电缆上的所有控制数据：点对点信息传送、远程编程、故障查询、I/O 刷新和 PLC 处理器之间的信息互锁。通过采用专利性的介质存取方法，对时间苛求的数据的传输总是拥有比对时间非苛求的数据的传输更高的优先权，因而 I/O 刷新和 PLC 之间的互锁永远比程序上载、下载和一般信息传输更为优先，这使得控制网上的数据传输具有确定性和可重复性。AB 公司提供了内置控制网扫描器的 C 系列 PLC 处理器、I/O 机架控制网适配器（1771 – ACN、1771 – ACNR、1794 – ACN）、个人计算机的控制网插卡（1770 – KFC、1770 – KFCD、1784 – KTC、1784 – KTCX）等产品，使得控制网安装方便、成本低、效率高。典型的控制网网络结构，如图 2 – 16 所示。

3. 以太网（EtherNet）

以太网以 TCP/IP 作为其传输协议，是一个开放型的信息网络。AB 提供了具有内置以太网通信能力的 PLC – 5E 系列处理器和 SLC5/05 处理器，并提供了以太网接口模块（1785 – ENET），使 PLC – 5 其他系列的处理器通过即插方式也能够与以太网相连（见图 2 – 17）。这些以太网可编程序控制器模块可以无须特殊硬件而连接到以太网上。并且，用户可以在装有以太网网卡的个人计算机上借助 RSLinx 软件，通过使用罗克韦尔 A. I. 或 RSLogix5、RSLogix500 系列编程软件在线修改各处理器的数据表文件和程序文件。同时，使用标准 PLC – 5 处理器的信息传送指令，可以在以太网处理器之间实现点对点通信。因此，通过使用 RSView、RSLinx 以及其他罗克韦尔软件，具有以太网网卡的工作站能够通过以太网网络来监控采集数据。

（三）A – B 其他网络

除了上面介绍的开放型的设备网、控制网和以太网之外，A – B 的通用远程输入/输

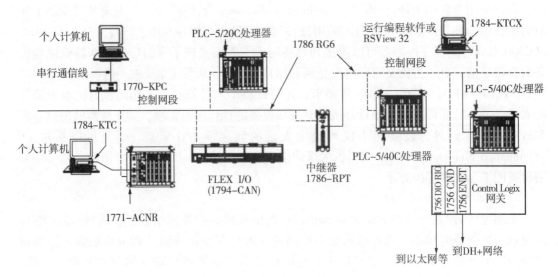

图 2 - 16 控制网网络的典型结构

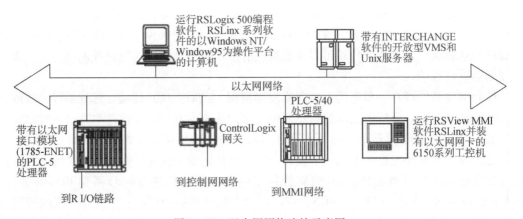

图 2 - 17 以太网网络连接示意图

出链路（简称 RIO）和增强型数据高速公路（DH + 网络）已为成千上万的用户所使用和熟悉。

1. 通用远程输入/输出链路（RIO）

采用 RIO，可以将远程 I/O 机架和其他的智能化设备如操作员接口和交、直流变频器连接到可编程序控制器，I/O 机架和其他设备可以安装到远离 SLC 或 PLC 处理器 10000 英尺（3048m）的地方。一个 RIO 链路最多可以连接 32 个 I/O 机架或其他适配器方式的设备。网络连接示意图如图 2 - 18 所示。

2. 增强型数据高速公路（DH + 网络）

DH + 网是世界上最广泛使用的工业局域网之一，它是最早为可编程序控制器提供远程编程支持的控制网络。一个 DH + 网络最多可以连接 99 个 DH + 链路，每个 DH + 链路最多可以连接 64 个节点（智能化设备）。它采用双绞线或屏蔽同轴电缆连接，每个链路的传输速率为 57.6KB/s，传输距离可达 10000 英尺（3048m）。

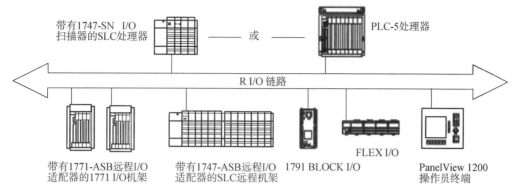

图 2 - 18　通用远程输入/输出链路连接示意图

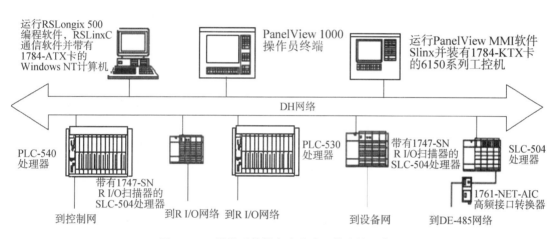

图 2 - 19　增强型数据高速公路网络连接示意图

除了以上所介绍到的各种网络，A－B 的可编程序控制器往往还内置有 RS－232 口，可以提供处理器与其他设备间的串行通信。

（四）其他通信方式

1. Modbus 通信协议转换

Modbus 协议最初由 Modicon 公司开发出来，现在已经是全球工业领域最流行的协议。许多工业设备，如综合继电保护装置、智能仪表等都在使用 Modbus 协议。

通过第三方提供的通信协议转换模块可以让 A－B 处理器轻松地和其他 Modbus 协议设备取得通信。

常用模块型号有 3100－MCM、3150－MCM MCM、MVI56－MCM、MVI69－MCM。其中 3100－MCM 模块用于 PLC 5 系列，3150－MCM 模块用于 SLC5/02、5/03、5/04 系列，MVI56－MCM 模块用于 ControlLogix 系列，MVI69－MCM 模块用于 CompactLogix 系列。实现处理器和 Modbus 网络之间的数据交换。

MCM 模块在硬件平台上的设计非常相似。模块既可以在本地槽架和处理器一同工作，也可以安装到远程槽架使用远程 I/O 通信连接槽架，或者是安装到扩展槽架。

2. OPC 通信方式

OPC 是 OLE for Process Control 的缩写，意思是把 OLE 技术应用到工业控制领域；OLE 是 Object Linking and Embedding 的缩写，意思是对象的链接与嵌入。例如，OLE 允许用户将 Excel 电子表格内嵌入 Word 文档，电子表格中的数据变化将直接反映到 Word 文档内。

OPC 是世界上领先的自动化公司、软硬件供应商与微软公司合作开发的一套工业标准，是专为现场设备、自动控制系统和企业管理系统应用软件之间实现无缝集成而设计的接口规范。

OPC 扩展了设备的概念。只要符合 OPC 服务器的规范，OPC 客户都可与之进行数据交换，而无需了解设备究竟是 PLC 还是仪表，甚至只要在数据库系统上建立了 OPC 规范，OPC 客户就可以方便地实现数据交互。

二、PLC 系列产品

罗克韦尔自动化公司的 PLC 主要有 PLC – 5、SLC、ControlLogix、CompactLogix、MicroLogix 系列产品。

1. PLC – 5 控制系统

PLC – 5 控制系统是较早推出的模块化控制系统之一，适用于大型控制系统及需要与其他控制器协调工作的应用，外形结构如图 2 – 20 所示。它集灵活性、可靠性、兼容性于一身，平均无故障时间比其他类型控制器高很多，水厂已使用 10 多年，目前还在使用中。但由于它属早期产品，厂家不再大量生产，只作为备件供应，因此价格昂贵，性价比低，新建系统不推荐使用。

图 2 – 20 PLC – 5 控制系统

2. SLC500 可编程控制器

SLC500 是中小型、框架式、模块化可编程控制器，可以满足中小规模自动化应用项目的要求。外形结构如图 2 – 21 所示。它和 PLC – 5 同属早期产品，厂家不再大量生产，只作为备件供应，因此价格昂贵，性价比低，新建系统不推荐使用。

图 2 – 21　SLC500 可编程控制器

3. ControlLogix 控制系统

　　ControlLogix 系统是基于模块和网络组合的模块化结构硬件平台，具备通信完成数据交换的先进信息传递模式，采用计算机标准化数据结构，使用通用的软件操作方式，具有拓展性、延伸性、兼容性、通用性等特点。ControlLogix 系统为多种类型的控制提供了高性能的控制平台，和传统的 PLC 和 SLC 相比，具有更高的性能价格比。ControlLogix 控制系统有多种类型的控制器，所有的控制器都集六种控制方式（顺序控制、过程控制、传动控制、运动控制、安全控制和批处理控制）于一体，显示了强大的控制功能。控制器支持的数字量 I/O 最多可达到128000 点，模拟量 I/O 最多可达到4000 点。一个控制器支持32个任务（可组态为不同的类型：连续型、周期型和事件型）。外形结构如图 2 –22 所示。

图 2 – 22　ControlLogix 控制系统

4. CompactLogix 控制系统

CompactLogix 控制器不仅具有增强的处理性能，支持多达 30 个 1769 I/O 模块，还内置有可进行实时 I/O 控制的 EtherNet/IP、ControlNet 网络接口，与包括 1769 I/O 模块在内的多种 I/O 模块一起实现分布式 I/O 扩展。

一个最简单的 CompactLogix 单机系统可以只由一个独立的控制器、一组 I/O 模块和电源组成。外形结构如图 2 - 23 所示。

图 2 - 23　CompactLogix 控制系统

CompactLogix 系统可多个控制器通过网络连接在一起，进行通信和数据共享。CompactLogix 控制器可以通过 DeviceNet、ControlNet 或 EtherNet/IP，使用各种不同系列的 I/O 进行分布式扩展。对于 1769 Compact I/O，每个 I/O 站可以支持 3 个 I/O 模块组，最多 30 个模块。支持多层网络的无缝集成和数据路由，可以方便地自动实现跨多层网络的远程设备访问、组态和诊断。

5. MicroLogix 控制系统

MicroLogix 是一种小型 PLC，主要针对小型场合开发，适用于水厂的泵组、排泥车、投加泵等设备的单台控制，实现分散控制。具有小型、廉价而又快速高效的特点。

主要有 MicroLogix1000、1100、1200、1400、1500 系列产品，所有 MicroLogix 控制器均提供至少一个增强型 RS - 232C 端口，支持 DF1 全双工，DF1 半双工从站以及 DH - 485 协议。通过 DeviceNet 和以太网，以及通过开放式点对点和 SCADA 协议与个人计算机、操作员界面、其他 PLC 等设备进行通信。

通过提供多种 I/O（从内置式到模块式），MicroLogix 控制器将高速内置 I/O 与扩展 I/O 的灵活性和可扩展性相结合，可为所有应用提供合适的 I/O 点数。对于 MicroLogix1100、MicroLogix1200 和 MicroLogix1400 控制器，还可以充分发挥使用相同 1762 扩展 I/O 模块的便利。

MicroLogix1400 在现有 MicroLogix 系列小型可编程控制器中性价比最高，它结合了在 MicroLogix1100 中希望实现的功能（如 EtherNet/IP、在线编辑）与内置 LCD 的增强功能（如增加 I/O 数、更快的高速计数器/PTO 和通信功能）。其外形如图 2 - 24 所示。

MicroLogix1400 的主要功能和优势：

（1）以太网端口提供点对点报文传送，Web 服务器和电子邮件功能；

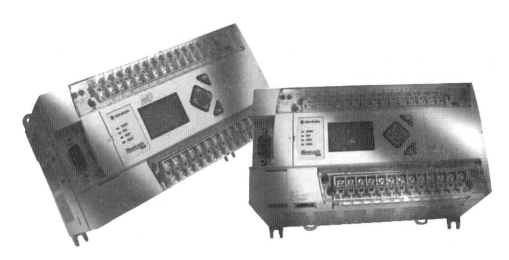

图 2 - 24　MicroLogix 控制系统

（2）在线编辑使用户可以在程序运行的同时修改梯形图逻辑程序；

（3）带有背光的内置 LCD 可以查看控制器和 I/O 状态，并提供一个简捷的界面，用于报文、位/整数的监测和操作；

（4）通过支持最多 7 个具有 144 路离散量 I/O 的扩展 I/O 模块（1762 I/O）扩展应用功能；

（5）两个串行端口，支持 DF1/DH485/Modbus RTU/DNP3/ASCII 协议；

（6）10K 字的用户程序存储器和 10K 字的用户数据存储器。

第四节　自动化软件实例介绍

罗克韦尔自动化除了提供自动化基础硬件外，还提供大量的软件工具，并在其产品中包含 Microsoft 的 32 位 Windows NT 及 ActiveX 技术。这些软件为用户采用开放式的工业标准提供方便。另外，借助 DDE、ActiveX 和 ODBC 兼容技术等，使现场数据能容易地同其他应用软件实现集成。这样对每一个应用软件无须多次重新建立标签数据库，从而极大地提高了软件可重复使用性。

罗克韦尔自动化软件提供了一个从车间到顶层的解决方案，其软件一般可分为 7 类：① 通信软件；② 组件软件；③ 设计软件；④ 诊断软件；⑤ 人机界面软件；⑥ 编程软件；⑦ 培训教程等其他软件。

一、通信软件

（1）RSLinx 系列软件是用于 A - B 可编程控制器的服务器软件，为 A - B 的 PLC 处理器与 RA 以及其他公司的（如微软）的许多软件产品提供了通信联接。它充分利用了 Windows NT 操作系统所具有的多线程、多任务、多处理器等性能，通过各种通信接口，可以与许多应用软件组合运行，而且界面直观易学。其主要特点有：

由于所有 32 位 A - B 驱动程序都被封装在一个软件包内，使升级到新的处理器和新的网络更为容易。

与 RS，A-B 及第三方软件产品或由用户利用 RSLinx 的开放 CAPI 或 AdvanceDDE 开发的软件产品兼容。

* 利用 DDE 接口对 PLC-5 和 SLC500 处理器数据进行同步读写访问。
* 利用 CAPI 对 PLC-5、PLC-2、PLC-3 和 SLC500 处理器数据进行同步和异步读、写访问。
* 支持多个通信设备的并行运行。
* 利用复制/粘贴功能易于建立 DDE 热连接。
* 利用网络 DDE 与其他计算机实现数据共享。
* 优化 DDE 读操作实现对系统资源的有效利用，减少网络阻塞。
* 块读写获取了最快通信速度，减少了网络的负荷。
* 通过 RSWho 功能以及易于理解的诊断功能使系统观察更直观。

（2）Interchange 系列软件是一个应用程序界面（API），它简化了各种主计算机操作系统与 A-B 处理器间的通信。

（3）RSNetwork 系列软件主要用于控制网和设备网的组态。

（4）RSServer 系列软件是工业 DDE 服务器系列软件，可使用它作为一个 DDE 接口软件去访问 GE Fanuc Series90（SNP），GE Fanuc Series90 TCP/IP，Reliance Automax DCS 可编程控制器，Allen-Bradley Bulletin 1400 PowerMonitor 模块或 GE Fanuc Genius I/O 系统。

（5）RSSQL 系列软件将强大的处理引擎和直观的用户界面结合起来，把企业信息系统与现场连接起来，同时能在关系数据库系统（RDBMS）和过程控制系统之间建立处理联系。使用直观的点击式界面去组态处理以将处理器数据点与数据库表中的列连接起来。

（6）WINtelligent Linx 系列软件允许 Microsoft Windows DDE 兼容软件与 A-B 处理器和控制器交换数据，可将现场数据读入应用软件进行显示、登录以及趋势图操作。亦可从监控计算机设置某单独参数或下载配方到所支持的设备中。

二、组件软件

（1）RSTools 是用于工业过程的 ActiveX 控制的软件。利用该控制在 ActiveX 包容器，如 Microsoft Visual Basic，Internet Explore 以及 RS 的 RSView32，采集和显示现场数据。这些控制可应用在不连续生产场合、过程控制和 SCADA 环境。对于分布式应用，RSTools 可作为 RS 的 RSPortal 产品的客户软件，可从 Internet 或 Intranet 上从远程节点上获取数据。

（2）RSPortal 是 Internet 数据传输软件。它提供了 TCP/IP 网络上数据有效，快速安全地传输。它被设计成适应各种网络解决方案，可用在"企业范围"内的 Intranet 或"全球范围"内 Internet 上传输数据。

（3）RSSnapshot 是接 DDE 数据的 Internet 图像软件。它使装有任意硬件平台、操作系统或 Web 浏览器的客户计算机都能立即看到 DDE 服务器数据。

（4）RSWorkbench 用于 Visual Basic 的开发环境。它作为 VB 开发环境的附加选件，使用户可以访问那些可重新使用的代码、图像及模板，并且是一个扩展的基于对象的绘图软件包。整个软件由几个模块组成，每个模块都有助于减少开发工业应用软件的时间。

（5）RSWorkshop 是一种综合开发工具包，用于 VB 的开发环境。它包括 RSToolbox

ActiveX 控制和 RSWorkbench VB 编辑器附加项软件。用一个可重复使用的组件库和开发工具增强了 Microsoft VB 环境。

（6）RSMailman 包括三个 OLE 自动化服务器，以增强基于 MAPI 的邮件系统功能。通过它，OLE 自动化客户软件就可利用其中的高级信息接受管理，预定义消息编辑和进度安排等功能。

此外，组件软件还包括 RSAlarm、RSAnimator、RSButton、RSCompare、RSGauge 和 RSLadder 等。

三、设计软件

RSWire 系列软件提供了从绘图板或机械设计到易于理解的软件解决方案，以进行准确无误的原理图设计，并同时产生支持文档。它使控制系统设计自动化，并能生成一个智能原理图。

四、诊断软件

SMART Diagnostics 系列软件是系统监视和诊断工具，周期性地检查系统运行以及网络通信、控制器和过程变量的状态。

五、人机界面软件

（1）RSBatch 系列软件用于批生产过程管理。无论是进行简单的单元级的运行还是执行高度复杂的具有网络结构的多种产品的任务，都可使用它。

（2）RSPower 用于电力设备组态及监视。利用它可最大限度地发挥 A – B Bullentin 1400 Powermonitor 和 Bullentin 1403 Powermonitor Ⅱ 电力监视设备的特点。通过它可以在桌面上对电力设备进行组态而无需面板操作，并且在安装完软件的几分钟内生成自定义的画面开始监视电力设备。RSPower 直观的组态过程、完善的图形工具条以及易浏览性使之成为一个生成代表电力系统运行状态的数据监视系统的有用工具。

（3）RSTrend 是数据采集及历史趋势软件。它提供完全的 32 位数据采集引擎和灵活的趋势显示，可有效地登录并监视 PLC 数据。通过简单的几个步骤来组态新项目，定义登录标签并开始登录。为快速选择工艺数据并显示趋势，这些程序功能被集中在一起，却彼此独立地发生作用。它还满足各种的数据采集需要：自动采集数据、数据转换，趋势图和登录报表只是其中一部分。

（4）RSView32 系列软件是一种易用的、可集成的、基于组件的 MMI 系统，具有用户所需的全部特征和功能，能有效地监视并控制机器和过程。它基于 Microsoftware Windows NT 和 Windows 95 平台设计，并且是第一个把 ActiveX 控制嵌入画面的 MMI 软件包。其主要特点有：

① 图形与动画。软件本身提供绘图工具可生成简单或复杂的图形对象与文本，还包含常用图形对象的库，可以将这些通信图形对象拖放到画面中，也可以使用其他绘图软件包如 AutoCAD 和 CorelDRAW。动画控制可以激活图形对象以使它们反映出过程变化。

② 报警监视。可对开关量或模拟量标签组态报警，并使用警告摘要窗口显示报警信息。

③ 登录。在运行时记录系统信息，包括动作登录、报警登录和数据登录。所有登录信息保存为 dBase IV（. DBF）格式，且能在第三方软件如 Microsoft Excel、Crystal Report 和 Foxpro 中使用。

④ 趋势。可在一个趋势中绘制 16 条标签曲线，并且当标签穿越参考值时使用阴影来突出显示。组态趋势可在运行时动态调整坐标轴以控制数据的显示。

⑤ 事件检测。事件是可触发动作的 RSView32 表达式。利用事件检测使应用软件能对系统和过程中的事件进行自动响应。

⑥ 安全系统。项目级安全系统允许限制用户或用户组访问特定的画面或改变某些标签值。系统级安全系统允许将用户锁定在 RSView32 应用软件中，即不能退出到 Windows 操作系统。

⑦ 重复使用标签数据库。只要打开标签浏览器，可以导入逻辑编程软件中使用的全部数据库，或者选择梯形逻辑所用的标签，而不需导入整个数据库。

⑧ 重复利用画面。RSView32 支持许多标准图形文件格式，可使用现存的图形而不必重画。

⑨ 扩展和升级项目与系统。当项目扩展时，可以容易地将 RSView32 升级到更多标签数据库限制版本，最多可扩展到 32000 点，而对项目无须任何改变。

⑩ 互操作性 RS 的产品可以集成工作，因而可建立自定义应用程序。

与 Microsoft 产品共享信息，利用 RSView32 的开放式设计可容易地与 Microsoft 产品共享信息。RSView32 标签数据库是 ODBC 兼容数据库，可以利用其他数据库工具浏览并管理标签，如 Microsoft Access。RSView32 图形画面是 OLE 包容器，无须导入或导出文件或单独运行应用软件，可将 Microsoft Excel 电子表格、Word 文档和 Access 数据库放入画面。

六、编程软件

罗克韦尔自动化公司 A - B 各个系列的 PLC 都具有相应的编程软件及仿真软件。表 2 - 1 给出了目前广泛使用的各系列 PLC 产品及相应的一些编程软件。

表 2 - 1　PLC 产品及其编程软件

产　品	编程软件	特　点
PLC - 5 系列	RSLogix5	大型，稳定，早期产品
SLC 系列	RSLogix500	中小型，简单
MicroLogix 系列	RSLogix500	小型，简单
CompactLogix 系列	RSLogix5000	中小型，功能强
ControlLogix 系列	RSLogix5000	大型，功能最强

（1）RSLogix 软件包提供了用户所希望的多种功能，如完全视窗化的友好界面、灵活易用的编辑器、点中 - 点击方式进入输入输出组态、强有力的数据库编辑器、诊断和排错工具、可靠的通信等。因此 RSLogix 产品的编程方案适合于任何层次的开发人员。最重要的是 RSLogix 产品还完全兼容于以前基于 MS - DOS 的 Rockwell 编程软件所生成的程序，

从而使跨平台的程序易于转换及维护。因此 RSLogix 系列产品更适宜于现代化的编程。

（2）RSGardian 系列产品是对 PLC 和 PanelView 程序进行管理、自动归档和修改控制的软件工具。它支持用户的过程确认策略并减少了由于过时或丢失程序而导致的问题。

（3）RSLogix 系列处理器编程软件，由于运行在 Microsoftware Windows NT 和 Windows 98 环境下，它结合了最新技术以最大可能地提高效率，节省开发时间。其超级诊断，可靠的通信和工业上领先的直观用户界面等特性使它适合具有任何层次经验知识的开发人员。其主要特点有：

- 梯形编辑综合所有项目信息，并显示为 Project Tree 形式，通过"点击"即可随意访问。
- 拖放编辑。如要为某条指令指定地址，可将地址从 Data Table Monitor，Data Table File 或 Address/Symbols Piker 拖到指令处。
- 准确方便的 I/O 组态。从一个模板的完整列表中挑出模块，通过简单的拖放操作将它们组态到相应的插槽。
- 数据库编辑。利用 Symbol Group Editor，建立并对其分类。利用 Symbol Piker 为梯形图指令指定地址或符号。
- 交叉参考信息。利用 Online Cross Reference，在一个条状窗口点击某个交替参考条目，可移动到任一需要的梯级或指令。
- 诊断功能。利用 Advanced Diagnostics 可对程序出错的地方进行定位。
- 可靠的通信。利用 RSLinx 可进行快速准确的设置，自动检测和组态通信参数。
- 报表功能。WYSIWYG 报表可在数据打印前对每个细节进行预览。
- 强兼容性。RSLogix 系列软件兼容于 MS－DOS 编程产品，它可导入利用 MS－DOS 产品开发的项目文件，亦可将 RSLogix 开发的项目文件导出为 MS－DOS 格式。
- 互操作性。提供与 RS 其他软件完整的互操作解决方案，以满足各种应用需要。例如与 RSView 共享数据库，用 RSTune 进行 PID 回路自整定等。

（4）RSRules 机器诊断软件，学习并监视两个 I/O 元素或位地址间的时序关系或规则，以描述选定机器的行为。然后诊断实时机器行为，当目前机器行为不同于认定的机器运行状态时，显示报警信息。

（5）RSTune PID 回路整定软件，利用它可方便、迅速、准确地整定 PID 控制回路，不必额外的梯形图编程。

七、培训教程等其他软件

（1）RSTrainer 系列软件是基于计算机的自动化工厂维护培训教程。

（2）RSAssistant 系列软件是性能支持工具，在适当时间为适当人员提供准确而完全的维护和故障检测信息。

第五节　PLC 系统设计

PLC 系统设计前必须考虑三个问题：一是保证系统的正常运行；二是资金投入要合理、有效；三是系统在满足可靠性、经济性的前提下，应具有一定的先进性，可根据未来生产工艺的变化需要而扩展功能。总体来说，一个 PLC 系统的设计过程可用下面的设计流程图来表示（见图 2-25）。

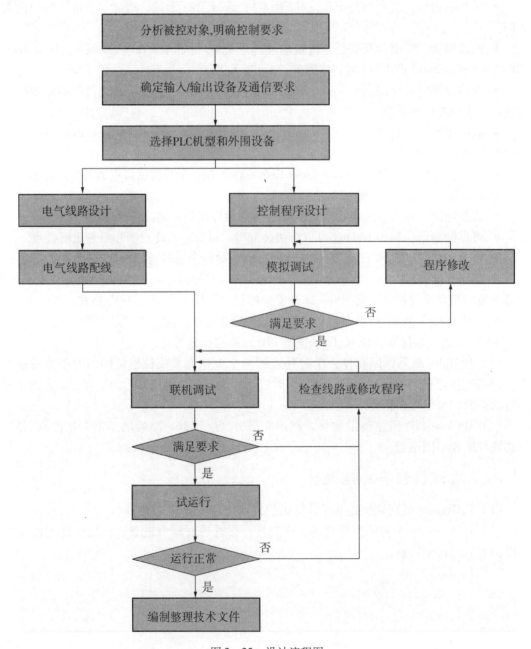

图 2-25　设计流程图

一、PLC 的选型

设计一个符合功能需求的 PLC 系统，选择合适的 PLC 型号，是系统硬件配置的关键。在设计 PLC 系统之前，首先应熟悉控制对象设计工艺布置图，向有关工艺、机电设计人员和操作维修人员详细了解被控对象的工作原理、工艺流程和操作规范，分析被控对象的机械、液压、气动、仪表、电气以及各种传动之间的配合关系，明确被控对象的控制要求，然后选择适合系统的 PLC 型号。

随着 PLC 的推广普及，PLC 产品的种类和数量越来越多。近年来从国外引进的 PLC 产品，国内厂家自行开发的产品已有几十个系列、上百种型号。不同厂家的 PLC 产品虽然基本功能相似，但有些结构形式、特殊功能，指令系统和编程软件却不尽相同，使用场合各有侧重，价格和服务也有很大差别。因此，合理选择 PLC 型号对保证 PLC 系统的各项技术经济指标起着重要作用。PLC 型号的选择应在满足控制要求的前提下，保证其运行可靠、使用维护方便以及最佳的性价比，具体应考虑以下几个方面。

1. 系统对 I/O 的需求

PLC 的 I/O 控制能力是一项重要指标，在规划 PLC 的 I/O 接点类型和数量时，应根据现场被控对象实际的类型、数量和安装位置来确定。合理减少系统所配的 I/O 点数是有效降低系统硬件费用的一项主要措施。但为了系统日后扩展和维护的方便，在系统设计时对 I/O 点数应留有适当余量，一般可按实际需要的 10%～15% 来考虑余量。当生产过程需要修改控制方案或 I/O 模块中某一接点损坏时，就可使用备用接点，只需简单修改程序，即可立即恢复生产，减少生产损失。因此，合理选择 I/O 接点的数量既能满足系统的控制要求，又能尽可能降低系统的硬件投资。

2. 系统对存储器容量的要求

用户程序占用多少存储量与很多因素有关，如控制要求、运算处理量、I/O 点数、程序结构等。此外，程序编程者的编程水平、所编程序的长短不仅影响程序的运行时间，也使所占用存储器量会有很大的差别。因此在程序编程前只能粗略地估算。在选择 PLC 型号时，不宜盲目追求过高的性能指标，但存储器容量也应与 I/O 点数一样，除了要满足系统要求外，还要留有余量，以做备用或系统扩展时使用。

3. 系统对 PLC 指令系统的要求

对于小型单台、仅需要数字量控制的设备，一般的小型 PLC 便可满足控制要求。如果系统还需要模拟量控制、PID 运算、闭环控制、运动控制等功能时，可根据控制对象的规模及复杂程度，选用中型或大型 PLC。

4. PLC 物理结构的选择

按照物理结构，PLC 分为整体式和模块式。整体式 PLC 每个 I/O 点的平均价格比模块式的便宜，所以在小型控制系统中一般采用整体式 PLC。模块式 PLC 的功能扩展方便灵活，如 I/O 接点数量、输入与输出点数的比例、I/O 模块的种类和数量、特殊 I/O 模块的使用等方面的选择范围都比整体式 PLC 大得多，判断故障点、更换故障模块也很方便，因此在较复杂的、要求较高的控制系统一般选用模块式 PLC。对于模块式 PLC，为确保每组模块工作正常，为其配置电源模块时，必须考虑消耗的全部电流均在电源模块的供电能力内。

5. 对 PLC 功能的特殊要求

有些控制系统需要一些特殊功能，如温度控制、位置控制、PID 控制、高速脉冲计数等，可选用支持相应特殊功能的 PLC 和 I/O 模块。

6. 对 PLC 通信联网功能的要求

随着工业自动化的迅速发展，PLC 产品大多都具备通信联网功能。当设计 PLC 系统时，需要确定是单机系统还是分布式控制系统。如果是分布式控制系统，则应统一选择 PLC 所使用的通信方式/类型。

7. 系统对 PLC 响应时间的要求

响应时间是指将相应的外部输入转换为指定的外部输出的总时间，它包括输入滤波器的延迟时间、I/O 扫描延迟时间、逻辑解算时间和输出滤波器的延迟时间等。由于现代 PLC 有足够快的速度来处理大量的 I/O 数据和解算梯形图逻辑，因此对于大多数应用场合来说，PLC 的响应时间并不是主要考虑的问题。但在个别场合，则需要考虑 PLC 的响应时间。为了减少 PLC 的 I/O 响应延迟时间，可以选用扫描速度高的 PLC，或选用快速响应模块和有中断功能的模块。PLC 厂家一般会给出 I/O 电路的延迟时间，以及执行基本逻辑指令的平均速度（以 ms/KB 为单位），根据这些数据及系统的硬件配置和程序中使用的指令，可以计算出执行程序所需的时间，还有一些型号的 PLC 提供了运行时的扫描周期信息。

8. 系统对可靠性的要求

对可靠性要求极高的系统，宜考虑是否采用冗余控制系统或热备份系统。

9. PLC 产品的统一

同一企业应尽可能使同一厂家的 PLC 产品，PLC 型号也宜尽量统一。这样不但可以减少 PLC 相关设备的备品备件数量，同时 PLC 的编程、通信软件也可以共用。同一厂家 PLC 设备之间的通信软硬件费用，比不同厂家设备之间的通信费用要低得多。PLC 产品的统一，也有利于企业自身技术力量的培训，便于用户自行开发和修改程序、维护设备。

二、PLC 控制系统硬件设计

PLC 系统设计包括硬件设计和软件设计。在硬件设计中，首先要确定系统的输入/输出设备及通信要求，以及电气线路包括控制柜设计等。对于输入/输出设备，应根据设备用户使用手册的说明和 I/O 需求，分配 PLC 的 I/O 接点及模拟量通道，还需要设计控制柜及 PLC 外围接线，绘出 PLC 控制系统硬件原理图，设计控制系统主回路。在进行 I/O 地址分配时，最好做出 I/O 对照表，表中包含 I/O 接点编号、外部设备代号、名称及功能，且应尽量将相同类型、相同电压等级的信号排在一起，以便于施工和日后维护。

（一）I/O 接点配置

在分配 PLC 的 I/O 接点时，对于输入信号，如按钮、行程开关、开关式传感器等离散量信号占用 PLC 的一个输入接点，每个模拟信号传感器，如流量、压力、温度传感器等占用 PLC 的一个模拟量通道。对于输出信号，每个输出执行器件，如接触器、电磁阀、指示灯等均作为输出信号占用一个输出接点。对于状态显示，如果是输出执行元件的动作指示灯，可与输出执行元件并用一个输出点，无须占用新的输出接点；如果是"运行、停止、故障"等指示灯，应作为输出信号占用输出接点。

在配置 PLC 的 I/O 接点时还要考虑下列事项。

1. 输入接点设计

根据系统的控制要求合理选择 PLC 的输入接点，首先要确定系统输入设备的数量及种类，例如是数字量还是模拟量、直流还是交流，以及电压等级等，然后根据输入信号类型合理地选择 PLC 输入模块类型和数量。如果是数字量输入信号，应合理选择电压等级，如交/直流 24V、交/直流 120V 和交流 230V 等。还要注意输入信号的频率，当频率较高时，如流量计的流量脉冲信号，宜选用高速计数模块。如果是模拟量输入信号，应首先将非标准模拟量信号转换为标准范围的模拟量信号，如 $1 \sim 5V$、$4 \sim 20mA$，然后选择合适的模拟量输入转换（A/D）模块。当信号长距离传送时，宜使用 $4 \sim 20mA$ 的电流信号。

为了减少系统对 PLC 输入接点数量的需要，可以采用分组输入、矩阵输入、输入接点合并、单按钮起停、将部分输入信号设置在 PLC 之外等方法，来降低控制系统的硬件费用。

2. 输出接点设计

应根据系统输出设备的数量及种类选择 PLC 的输出接点。首先要明确输出设备对控制信号的要求，如电压电流的大小、直流还是交流、电压等级、数字量还是模拟量等。然后确定输出模块的类型和数量。对于只接收数字量信号的负载，根据其电源类型和对输出开关信号的频率要求，选择继电器输出、晶体管输出或双向可控硅输出。对于需要模拟量驱动的负载，则应选用合适的模拟量输出（D/A）模块。在 PLC 输出类型选择和使用时应注意以下几点：

（1）要关注负载容量。输出端口须遵守允许最大电流限制，以保证输出端口的发热限制在允许范围。继电器的使用寿命与负载容量有关，当负载容量增加时，触点寿命将大大降低，因此要特别关注。

（2）要关注负载性质。感性负载在开合瞬间会产生瞬间高压，因此表面上看负载容量可能并不大，但是实际上负载容量很大，继电器的寿命将大大缩短，因此当驱动感性负载时应在负载两端接入吸收保护电路，尤其在工作频率比较高时务必增加保护电路。根据电容的特性，如果直接驱动电容负载，在导通瞬间将产生冲击浪涌电流，因此原则上输出端口不宜接入容性负载，若有必要，需保证其冲击浪涌电流小于规格说明中的最大电流。

（3）要关注动作频率。当动作频率较高时，建议选择晶体管输出类型，如果同时还要驱动大电流则可以使用晶体管输出驱动中间继电器的模式。当控制步进电机/伺服系统，或者用到高速输出/PWM 波，或者用于动作频率高的节点等场合，只能选用晶体管型。PLC 对扩展模块与主模块的输出类型并不要求一致，因此当系统点数较多而功能各异时，可以考虑继电器输出的主模块扩展晶体管输出或晶体管输出主模块扩展继电器输出以达到最佳配合。

可以采用下列措施来减少所需 PLC 输出点数：

（1）通断状态完全相同的两个负载并联后，可以共用一个输出接点；

（2）通过外部或 PLC 控制的转换开关，可以使 PLC 的一个输出接点控制两个不同时工作的负载；

（3）通过使用外部元件的触点，使 PLC 的一个输出接点控制两个或多个有不同要求的负载；

（4）用 PLC 的一个输出接点控制指示灯常亮或闪烁，来指示两种不同的信息；

（5）在需要用指示灯显示 PLC 驱动的负载（如接触器线圈）状态时，可以将指示灯与负载并联，但并联时指示灯与负载的额定电压应相同，总电流不应超过 PLC 输出接点允许的范围；

（6）接触器一般有两对辅助常开触点和两对辅助常闭触点，可以用它们来控制指示灯或实现 PLC 外部的硬互锁；

（7）系统中某些相对独立的或比较简单的部分，可以用继电器线路控制，这样可以同时减少所需的 PLC 输入接点和输出接点的数量。

（二）站点划分

（1）应根据工艺流程和总平面布置，以"就近采集和单元控制"的原则设置区域控制子站。一般推荐有取水泵房子站、预处理子站、砂滤池子站、炭滤池子站、臭氧消毒子站、药物投加子站、送水泵房子站、污水回收子站、污泥处理子站等。

（2）应统一考虑厂平面设备的控制，避免只重视单体构筑物，忽略厂平面设备。

（3）宜把地理位置上相对集中的工艺设备 I/O 点划为同一站点。

（4）宜考虑使工艺上联系密切的 I/O 点集中在同一子站。

（5）每一站点的 I/O 数量宜控制在 500 点以内。

三、PLC 软件设计及调试

软件设计主要是编制 PLC 控制程序，技术文件的编制也属于软件设计的范畴。软件设计可以同现场施工同步进行，即在硬件设计完成以后，同时进行软件设计和现场施工，以缩短施工周期。

1. 软件设计

首先要根据工艺要求编写工艺流程图，可以将整个流程分解为若干步，确定每步的转换条件，再配合分支、循环、跳转等，便可很容易地编制出 PLC 控制程序。

对于数字量控制程序一般用梯形图语言进行编程，较简单系统的梯形图可以用经验法设计，或根据继电器控制系统的电路图设计梯形图。对于比较复杂的控制系统，可以用逻辑设计方法，或采用顺序控制设计法，即画出系统的顺序功能图后，再设计出各种控制工作方式的梯形图程序。无论哪种方法，在编写 PLC 控制程序时，经验是非常重要的，因此，要在平时多注意积累编程经验。举例来说，有些采集数据受现场干扰比较严重，经常出现数据不稳定或跳变现象，为此可在数据采集程序中加入滤波程序，输入滤波程序流程，如图 2 – 26 所示。

2. 系统调试

系统调试分为两个阶段，第一阶段为程序调试，第二阶段为联机调试。

（1）在程序调试阶段将控制程序写入 PLC 后，一般先用输入信号开关板进行模拟调试，检查硬件设计是否完整、正确，软件程序是否能满足工艺要求。

在调试时应充分考虑各种可能的情况，对系统各种不同的工作方式、顺序功能图中的每一条支路、各种可能的进展路线，都应逐一检查，不能遗漏。发现问题后应及时修改 PLC 程序，直到在各种可能的情况下输入量与输出量之间的关系完全符合要求。

如果程序中某些定时器或计数器的预置值过大，为了缩短调试时间，可以在调试时将

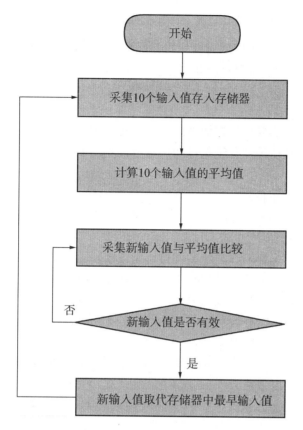

图 2 - 26　输入滤波程序框图

预置值减小，模拟调试结束后再写入实际设定值。

在设计和模拟调试程序的同时，与 PLC 无直接关系的其他硬件，如控制台或控制柜的设计、制作、安装、接线等工作也可以同时进行。

（2）完成上述的工作后，将 PLC 安装在控制现场进行联机总调试。在调试过程中将暴露出系统中可能存在的传感器、执行器和硬接线等方面的问题，以及 PLC 的外部接线和控制程序设计中的问题，应对出现的问题及时加以解决。反复进行调试，直到满足控制要求，再进入试运行阶段。

3. 编写技术文件

系统交付使用时，应根据调试的最终结果整理出完整的技术文件，以利于系统的维护（修）和改进。技术文件应包括：

（1）PLC 的外部接线图、元件明细表和其他电气图纸。

（2）控制系统软件清单：包括 I/O 配置表，所用到的内部数据文件的定义、符号和功能以及定时器、计数器的设定值等；带注释的梯形图和必要的总体文字说明；如果梯形图是用顺序控制法编写的，还应提供顺序功能图或状态表。

（3）控制系统使用说明书。

四、提高 PLC 控制系统可靠性的措施

PLC 是专为在工业环境下应用而设计的，其显著特点之一就是高可靠性，PLC 本身在软、硬件设计上均采取了一系列抗干扰措施，完全可以在一般工业环境下可靠地工作，平均无故障时间可达几万小时。但这并不意味着 PLC 可以随意安装在任何工作环境条件下。在诸如强电磁干扰、超高温、超低温、过/欠电压等恶劣的环境条件下，或安装使用不当等，都可能导致 PLC 内部存储信息的破坏，引起控制紊乱，严重时还会使系统内部的元器件损坏。为了提高 PLC 控制系统运行的可靠性必须选择合理的抗干扰措施，使系统正常可靠地工作。

1. PLC 安装的环境条件

良好的环境条件是 PLC 系统正常运行的重要保证。通常 PLC 的安装环境应满足一般工业标准的要求。

(1) 环境温度为 0～50℃，环境温度过高或过低，使 PLC 长期处于极限温度下工作，会影响其工作的稳定性和可靠性，因此 PLC 应远离热源。如果将 PLC 安装在控制柜中，应注意不要把发热量大的元器件放在 PLC 下方，如变压器、稳压电源、加热器、大功率电阻等。控制柜的上下还应有通风散热的百叶窗，必要时应安装电风扇降温，PLC 四周应留有一定的空间，供通风散热用。

(2) PLC 允许的相对湿度一般为 35%～80%，湿度太高不仅使漏电流增大影响绝缘性能，而且直接影响模拟量输入/输出装置的精度，必要时可设置小加热器。

(3) 周围不应有导电尘埃、油性物或有机溶剂、腐蚀性气体，以防锈蚀元器件，造成绝缘降低。严重时会导致漏电、局部短路等故障，甚至造成设备损坏。

(4) PLC 能承受的振动和冲击有一定规定，振动过大会引起插接件松动，为了减少振动和冲击，可将 PLC 控制柜与振动和冲击源分开，或用抗振垫来固定 PLC 控制柜。也有些厂家 PLC 适用的工作环境高于一般工业标准，如罗克韦尔自动化公司的各系列 PLC 的环境温度可达 0～60℃，大部分 PLC 模块都通过了欧洲 1 大类 2 等级危险环境认证。

2. PLC 安装的抗干扰措施

电源、输入、输出接线是外部干扰入侵 PLC 的重要途径，在安装和接线时应采取相应的抗干扰措施。

(1) 电源是 PLC 引入干扰的主要途径之一，PLC 应尽可能取用电压波动较小、波形畸变较小的电源，这对提高 PLC 的可靠性有很大帮助。PLC 的电源和 PLC 输入/输出模块用电源应与被控系统的动力部分分开配线，尤其是一些大功率用电设备或强干扰设备（如高频炉、弧焊机等）。如果条件允许，可对 PLC 采用单独的供电回路，以避免大容量设备的起停对 PLC 的干扰。系统的动力线截面积应足够大，以降低大容量异步电动机起动时的线路压降，而且动力线到 PLC 装置的距离应该大于 20cm。外部输入电路用的外接直流电源最好采用稳压电源。在干扰较强或可靠性要求很高的场合，对 PLC 交流电源系统可采用的抗干扰措施，有以下几种方法：

① 在 PLC 电源的输入端加接隔离变压器，由隔离变压器的输出端直接向 PLC 供电，这样可抑制来自电网的干扰。

② 在 PLC 电源的输入端加接低通滤波器可滤去交流供电电源的高频干扰和高次谐波。

在干扰严重的场合，可采用同时使用隔离变压器和低通滤波器的方法，通常低通滤波器的输入与供电电源相接，输出接隔离变压器。也可同时使用带屏蔽层的电压扼流圈和低通滤波器。

（2）为了抑制输入/输出信号传输线引入的干扰，一般应注意以下几点：

① 数字量信号不易受外界干扰，可用普通单根导线传输。

② 数字脉冲信号频率较高，传输过程中易受外界干扰，应选用屏蔽电缆传输。

③ 模拟量信号是连续变化的信号，外界的各种干扰信号都会迭加在模拟量信号上而造成干扰，因此要选用屏蔽电缆或带防护的双绞线。如果模拟量 I/O 信号距离 PLC 较远，应采用 4～20mA 或 0～10mA 的电流传输方式，而不用易受干扰的电压信号传输。对于功率较大的数字量输入、输出线，最好与模拟量输入、输出线分开敷设。

（3）PLC 的输入、输出接线要与动力线分开，距离应在 20cm 以上，如果不能保证上述最小距离，可将这部分动力线穿套管，并将套管接地。绝对不允许把 PLC 的输入/输出线与动力线、高压线捆扎在一起。

（4）应尽量减小动力线与信号线平行敷设的长度，否则应增大两者的距离以减少噪声干扰。一般两线间距离为 20cm。当两线平行敷设的长度为 100～200m 时，两线间距离应在 40cm 以上；平行敷设的长度为 200～300m 时，两线间距离应在 60cm 以上。

（5）PLC 的输入、输出线最好单独敷设在封闭的电缆槽架内（线槽外壳良好接地）。不同种类信号（如不同电压等级、交流、直流等）的输入、输出线，不能放在同一根多芯屏蔽电缆内（引线部分更不许捆扎在一起），而且在槽架内应隔开一定距离安放，屏蔽层应当接地。

（6）当 PLC 的输入线较长（大约 30m）时，如果使用交流输入模块，由于感应电动势的干扰，即使没有输入信号也可能会引起误动作。必要时可在输出端子两端并联电阻，或改用直流输入模块，以降低上述异常感应电动势的影响。

（7）对于输入、输出信号在 300m 以上的长距离场合，建议用中间继电器转换信号或使用现场总线控制。

3. PLC 的接地

良好的接地是抑制对 PLC 干扰的重要措施。PLC 接地应注意以下几方面：

（1）PLC 接地最好采用专用接地极，如果不可能，也可与其他盘板共用接地系统，但须用独立的接地线直接与公用接地极相连。绝对不允许与大功率晶闸管装置和大型电动机之类的设备共用接地系统。

（2）PLC 的接地极离 PLC 越近越好，即接地线越短越好。如果 PLC 由多单元组成，各单元之间应采用同一点接地，以保证各单元之间等电位。如果一台 PLC 的 I/O 单元分散在较远的现场（超过 100m），这种情况可分开接地，但必须遵守上述相应规定。

（3）PLC 输入、输出信号线采用屏蔽电缆时，其屏蔽层应采用一点接地，并且是在靠近 PLC 这一端的电缆接地，电缆另一端不接地。如果信号随噪声而波动，可在接地端连接一个 0.1～0.47μF 的电容器。

（4）接地线截面积应大于 2 mm^2，接地线一般最长不超过 20m。PLC 控制系统的接地电阻一般应小于 4Ω。

实践证明，在 PLC 控制系统中，PLC 本身的故障率是很低的，系统中其他元器件的故障率往往比 PLC 的故障率高，特别是机械限位开关等比较容易出问题。为了提高整个 PLC 控制系统的可靠性，设计和应用时要注意这类易出故障元器件的选取与维护，以保证整个控制系统稳定可靠地运行。

第三章 自动控制系统在给水处理工程中的应用

由于各水厂工艺及处理能力的不同，需要的控制设备不尽相同，控制系统也不尽相同。本文仅介绍给水厂水处理常见控制系统。

第一节 取水泵站控制系统

一、主要控制对象

（1）取水泵组：取水泵组及其配套液控、电控阀门。
（2）泵房配套设施：排水用潜水泵、真空泵、泵组冷却装置。
（3）其他工艺设备：格栅、泵房附属配套设施。
（4）仪表：原水水质仪表，水位液位计，用于取水泵组的压力表、流量计和出水管的压力表、流量计。

二、信号采集

（1）取水泵组的运行状态，其配套液控、电控阀门的位置状态，进出水管阀门位置状态，机组温度，设备故障等信号。
（2）排水用潜水泵运行状态，真空泵运行状态，泵组冷却装置运行状态，设备故障等信号。
（3）格栅、泵房附属配套设施的运行状态，阀门位置状态，设备故障等信号。
（4）用于原水监测的水质仪表（水温、pH 值、浊度、溶解氧、氨氮、电导率、COD_{Mn} 等）参数，原水的水位和出水管阀门位置状态，机组及出水管流量计、压力表等信号。

三、主要控制内容

（1）通过现场控制站可以对整个泵站系统的工艺参数、设备状态进行采集显示和控制，根据工艺过程要求，完成对上述所有设备及其配套的控制装置的控制和设定，并记录系统运行情况。

① 监控泵站系统内任意一台机组的运行状态并能设定和修改其运行参数，机组的启停满足工艺设备要求，采集综合保护器送出的有关监测参数。

② 监控系统内格栅、真空系统、泵组冷却装置、液下泵、潜水泵组、投加系统、流量计及其泵房附属配套设施的运行状态并能设定和修改其运行参数，采集系统送出的有关监测参数。

③ 监测泵站任意一台电力监测器的送出的运行参数。

④ 监测系统内水质仪表的送出的水质参数。

（2）格栅分为"就地手动""就地自动""远程控制"三种控制方式。正常格栅的操作根据周期运行的方式来控制，格栅的运行时间间隔及持续运行时间可根据工艺情况进行调节，由操作人员修改设定。PLC 系统及时判断设备运行状态，发生故障时在中控室有报警提示，提醒操作人员现场检查。

（3）取水泵组的控制。取水泵组分为"就地手动""就地自动""远程控制"三种控制方式。在"自动"或"远程"下，泵组可自检和一步化开停泵组。PLC 系统及时判断设备运行状态，发生故障时在中控室有报警提示，提醒操作人员现场检查。

（4）水源水质监测

水源水质的变化直接影响供水水质的优劣，在水厂内直接影响到水处理的所有工艺环节。这种变化不仅发生在季节变换期，也常常在一天之内发生，而且变化幅度有时很大，往往对水厂的生产造成很大的影响。因此应充分掌握水源水质及其变化规律。

在重要的水厂应建立原水水质在线监测系统，以水质分析仪器及仪表为系统核心，以实现远程监控、预防原水水质异常和突发性污染、对水质进行综合评价和预测为最终目的，运用现代传感技术、自动测量技术、自动控制技术、计算机应用技术以及相关的分析软件和通信网络组成综合性的在线监测体系。通过原水水质的在线监测，对地表水的水质及污染趋势进行在线检测，对水源水质污染迅速做出预警预报，及时追踪污染源，从而保障供水水质。

在选择原水水质监测指标时，应选择代表原水水质变化规律的特征参数和主要污染物参数，一般应包括水温、pH、浊度、溶解氧、氨氮、电导率、COD_{Mn} 等水质参数。有条件的地区宜设生物毒性在线监测设施和间接衡量藻类生物量的叶绿素 a 测定仪。

第二节 反应沉淀池控制系统

一、斜管沉淀池

（一）主要控制对象

（1）反应池：进水阀门、格栅。

（2）斜管沉淀池：沉淀池排污阀、排泥车。

（3）用于反应池、沉淀池检测水质的仪表。

（二）信号采集

（1）进水阀门的开关状态、格栅的运行状态、设备故障等信号。

（2）沉淀池排污阀的开关状态、故障等信号。

（3）排泥车：真空泵、行车马达的运行状态，电磁阀的开关状态，真空表及行车距离，设备故障等信号。

（4）用于反应池的水质仪表（浊度、余氯、pH 等）参数。

（三）主要控制内容

（1）通过现场控制站可以对整个沉淀池系统工艺参数、设备状态进行采集显示和控制，根据工艺过程要求，完成对上述所有设备及其配套的控制装置的控制和设定，并记录系统运行情况。

① 监控任意一台排泥车的运行状态并能设定和修改其运行参数。

② 监控任意一个反应池的运行状态并能设定和修改其运行参数。

③ 监测反应沉淀池任意一台电力监测器送出的全部运行参数。

④ 监测净水系统水质仪表送出的全部水质参数。

⑤ 可直接控制反应沉淀池照明系统。

（2）格栅分为"就地手动""就地自动""远程控制"三种控制方式。正常格栅的操作根据周期运行的方式来控制，格栅的运行时间间隔及持续运行时间可根据工艺情况进行调节，由操作人员修改设定。PLC 系统及时判断设备运行状态，发生故障时在中控室有报警提示，提醒操作人员现场检查。

（3）排泥车分为"就地手动""就地自动""远程控制"三种控制方式。一般排泥车的操作根据周期运行的方式来控制，排泥车的运行时间间隔及运行模式可根据工艺情况进行调节，由操作人员修改设定。排泥车通过无线通信与上位 PLC 交换数据。PLC 系统及时判断设备运行状态，发生故障时在中控室有报警提示，提醒操作人员现场检查。

二、平流沉淀池

平流沉淀池与斜管沉淀池相比，其在主要控制对象、信息采集、主要控制内容方面与斜管沉淀池大体相同。其不同之处在于，为降低排泥水的含水率，可在泵吸虹吸式排泥车有代表性的部位安装污泥浓度计，在排泥车行走时根据污泥浓度计的检测值，由潜水泵排泥（浓度高），停泵虹吸排泥（浓度低），或者破坏虹吸不排泥。

第三节　滤池控制系统

一、V 形滤池

（一）主要控制对象

（1）反冲洗泵房：反冲洗水泵、鼓风机、空压机。

（2）滤池：滤池水位计、进水阀门、排水阀门、出水调节阀门、气冲阀门、水冲阀门等。

（3）用于滤池检测水质的仪表。

（二）信号采集

（1）反冲洗水泵的运行状态（包括电流、电压、出水压力）及其阀门的位置状态，故障等信号；鼓风机的运行状态（包括电流、电压、出口压力）及其阀门的位置状态，故障等信号；空压机的运行状态（包括电流、电压、出口压力），故障等信号。

（2）滤池水位计信号，进水阀门、排水阀门、出水调节阀门、气冲阀门、水冲阀门的位置状态，故障等信号。

（3）用于滤池的水质仪表（浊度、余氯、pH、颗粒计等）参数。

（三）主要控制内容

（1）通过现场控制站可以对整个滤池系统工艺参数、设备状态进行采集显示和控制，根据工艺过程要求，完成对上述所有设备及其配套的控制装置的控制和设定，并记录系统运行情况。

① 监控任意一格滤池的运行状态并能设定和修改其运行参数。

② 监控反冲洗泵房内任意一台鼓风机、反冲洗水泵的运行状态并能设定和修改其运行参数。

③ 监控任意一台空压机的运行状态并能设定和修改其运行参数。

④ 监控反冲洗泵房里任意一个电机变频器的运行状态并能设定和修改其运行参数。

⑤ 监测滤池任意一台电力监测器的送出的全部运行参数。

⑥ 监测净水系统水质仪表的送出的全部水质参数。

⑦ 可直接控制滤池照明系统。

（2）滤池过滤控制方式有三种方式："就地手动""就地自动""远程控制"。滤池在上一个冲洗过程结束后或现场控制按钮直接打至自动，则进入 PLC 自动恒水位控制状态，并由 PLC 累计滤池过滤时间。应根据实际经验取得控制参数的最佳值，优化恒水位控制，在提高控制精度的同时延长阀门的有效使用周期。

当滤池运行到达设定反冲洗条件或者被"强制"进入反冲洗状态时，该滤池进入反冲洗阶段。同一时间只能够有一个滤池进入反冲洗程序，而在反冲洗过程中，如果同一组中又有其他滤池满足反冲洗的条件时，该池继续滤水，同时进入反冲洗的"排队"状态。当前滤池反冲洗完成后，主 PLC 将根据"排队"的先后次序对下一个滤池进行反冲洗，直至"排队"数量为零。实现反冲洗时各阀门顺序动作和反冲洗设备开停，接受上位机下达的控制指令、工艺参数的整定，判断其正确性、可行性后加以执行，发生故障时在中控室有报警提示，提醒操作人员现场检查。操作终端上动态显示滤池工艺流程、工艺检测参数和设备工作状态并实时上传数据。

（3）反冲洗泵及鼓风机现场控制单元主要功能包括采集反冲洗水泵出口总管流量、压力，鼓风机出口总管空气流量。鼓风机、冲洗泵的开机顺序由 PLC 判别，PLC 累计鼓风机冲洗泵的运行时间，按照累计运行时间的大小选择开机，累计运行时间小的机泵优先开启。PLC 系统及时判断设备运行状态，发生故障时在中控室有报警提示，提醒操作人员现场检查。

二、虹吸滤池

（一）主要控制对象

（1）虹吸滤池：进水虹吸、排水虹吸、冲洗气动阀门。

（2）用于滤池检测水质的仪表。

（二）信号采集

（1）进水虹吸、排水虹吸的电磁阀动作，冲洗气动阀门位置状态，故障等信号。

（2）滤池的水质仪表（浊度、余氯、pH 等）参数，滤池液位计等信号。

（三）主要控制内容

（1）通过现场控制站可以对整个滤池系统工艺参数、设备状态进行采集显示和控制，根据工艺过程要求，完成对上述所有设备及其配套的控制装置的控制和设定，并记录系统运行情况。

① 监控任意一个滤池的运行状态并能设定和修改其运行参数。

② 监测滤池任意一台电力监测器的送出的全部运行参数。

③ 监测净水系统水质仪表的送出的全部水质参数。

④ 可直接控制滤池照明系统。

（2）滤池过滤控制方式有三种方式："就地手动""就地自动""远程控制"。"远程控制"时，上位机可以一步化控制虹吸滤池，同时对其运行及故障状态进行监测和故障报警。可根据实际的水质及反冲洗的情况，调整反冲洗周期和反冲洗时间。当多于一格滤池同时提交反冲洗请求时，系统便需要对各格滤池的反冲洗进行"排队"，按照"先入先出"的原则。PLC 系统及时判断设备运行状态，发生故障时在中控室有报警提示，提醒操作人员现场检查。

三、移动罩滤池

（一）主要控制对象

（1）移动罩：虹吸潜水泵、行车电机。

（2）用于滤池检测水质的仪表。

（二）信号采集

（1）移动罩虹吸潜水泵、行车电机的运行状态，真空表、故障等信号。

（2）滤池的水质仪表（浊度、余氯、pH 等）参数，滤池液位计，用于行车控制的接近开关，用于压罩冲洗的接近开关等信号。

（三）主要控制内容

（1）通过现场控制站可以对整个滤池系统工艺参数、设备状态进行采集显示和控制，根据工艺过程要求，完成对上述所有设备及其配套的控制装置的控制和设定，并记录系统运行情况。

① 监控任意一列滤池的运行状态并能设定和修改其运行参数。

② 监测滤池任意一台电力监测器的送出的全部运行参数。

③ 监测净水系统水质仪表的送出的全部水质参数。

④ 可直接控制滤池照明系统。

（2）滤池过滤控制方式有三种方式："就地手动""就地自动""远程控制"。移动罩通过无线通信与上位工控机交换数据。在"远程控制""就地自动"时，上位机可以一步化控制移动罩的启停，同时对其运行及故障状态进行监测和故障报警。可根据实际的水质及反冲洗的情况，由控制人员调整设置滤池的反冲洗周期和反冲洗时间。PLC 系统及时判断设备运行状态，发生故障时在中控室有报警提示，提醒操作人员现场检查。

第四节 投加控制系统

一、投矾系统

（一）主要控制对象

（1）投加泵：投矾泵及其变频器。

（2）各部分管道上的主要阀门。

（3）储液池、中转池。

（4）用于投矾的水质仪表、电磁流量计。

（二）信号采集

（1）投矾泵及其配套变频器的运行状态、变频器运行速度、故障等信号。

（2）各部分管道上的主要阀门的开关状态、故障信号。

（3）储液池、中转池的液位，中转泵的运行状态，故障等信号。

（4）用于投矾控制的水质仪表（浊度等）参数，取水的瞬时水量信号，投矾量的电磁流量计的瞬时流量、累计流量等信号。

（三）主要控制内容

（1）通过现场控制站可以对整个投加系统的工艺参数、设备状态进行采集显示和控制，根据工艺过程要求，完成对上述所有设备及其配套的控制装置的控制和设定，并记录系统运行情况。

① 监控投矾系统里任意一台电机变频器及有关阀门的运行状态并能设定和修改其运行参数。

② 监控投矾系统里任意一台中转泵的运行状态。

③ 监测投加系统里任意一台电力监测器的送出的全部运行参数。

④ 监测储液池、中转池的液位信号。

（2）投矾泵及投加量的控制。投矾泵分为"现场控制""远程点动"和"自动运行"三种控制方式。在"自动运行"方式下，PLC 采集河水浊度、沉淀池浊度、待滤水浊度、进水流量等相关参数进行 PLC 复合环控制。用户在此基础上，可以自行选择采用部分或全部控制量，并可以对系统的部分控制参数进行调整。在控制过程中，系统还检测阀门、变频器、流量等的故障报警。当变频器、投矾螺杆泵发生故障时，系统自动将备用泵投入使用，并发出报警信号，记录故障时间。

（3）中转泵的监控。中转泵分为"现场控制""远程点动"和"自动运行"三种控制方式。在"自动运行"方式下，PLC 将检查相关阀门、中转泵的状态，当中转池的液位在用户设置上，PLC 将自动记录有关的储液池的液位、时间，开启有关的阀门，开中转泵，向相应的储液池抽矾，当液位降到低液位时，自动停泵、关阀。在这一过程中，如果中转泵出现故障，系统将自动切换备用泵，并记录故障时间。此外系统将自动记录本次操作的抽矾量、操作开始和结束时间。

（4）PLC 系统及时判断设备运行状态，发生故障时在中控室有报警提示，提醒操作人员现场检查。

二、投氯系统

（一）主要控制对象

（1）加氯机：加氯机和切换阀门。

（2）蒸发器：蒸发器和管道阀门。

（3）压力管道检测和氯瓶组切换装置。

（4）电子称：测量正在使用和备用的氯瓶。

（5）漏氯检测和氯吸收装置：在氯库和蒸发器室等处，设有漏氯检测装置，当发生漏氯时，发出控制信号，控制漏氯吸收装置，吸收泄露的氯气。

（6）用于投氯控制的水质仪表。

（二）信号采集

（1）加氯机的运行状态、投加量和切换阀门的开关位置，故障等信号。

（2）蒸发器的运行状态、管道阀门开关位置、故障等信号。

（3）压力管道上的压力值、切换阀门的开关状态，转换开关的运行状态，故障等信号。

（4）正在使用和备用的氯瓶的重量等信号。

（5）在氯库和蒸发器室等处的漏氯检测装置的运行状态，漏氯吸收装置及其阀门的运行状态，故障等信号。

（6）用于投氯控制的水质仪表（余氯等）参数，取水瞬时水量等信号。

（三）主要控制内容

（1）通过现场控制站可以对整个投加系统的工艺参数、设备状态进行采集显示和控制，根据工艺过程要求，完成对上述所有设备及其配套的控制装置的控制和设定，并记录系统运行情况。

① 监控投氯系统里任意一台加氯机的运行状态及有关阀门的运行状态，并能设定和修改其运行参数，采集投氯系统送出的有关监测参数。

② 监控投氯系统里任意一台蒸发器的运行状态及有关阀门的运行状态。

③ 监控投氯系统里任意一点漏氯检测和氯吸收装置的运行状态及有关阀门的运行状态。

④ 监控投氯系统里氯瓶切换装置的运行状态及有关阀门的运行状态。

⑤ 监测投氯系统里任意一台电子称、电力监测器的送出的全部运行参数。

（2）氯瓶和氯瓶组：电子称测量使用和备用氯瓶的重量，检测管道上的压力情况，根据用户的设置，可以发出预警信号，提示操作人员，当管道上的压力开关发出低压报警时，可以自动或远程切换氯瓶组。检测管道上的安全阀的状态，及时发出警告信号。

（3）压力管道和蒸发器：监测压力管道上的安全开关的状态；监测电动真空调节器的开停状态和低温开关信号；检测蒸发器的运行状态，包括使用状态、高水位、低水位、低温信号等，及时发出报警信号。

（4）当投氯机处于远程控制时，控制终端的界面可以模拟现场的控制器，进行远程控制投加量，另外，PLC可以通过检测有关参数，通过计算，计算出合理的投加值，满足用户所设定的余氯值。

前投氯自动控制：PLC可以采集进水水量、原水余氯、沉淀池余氯、待氯水余氯等参数，计算出相应各台滤前投氯机的投加量，输出模拟量信号，控制氯前加氯机增加或减少投加量，保证投氯需要。可以选择一种或多种测量参数来控制，并且可以修正部分控制参数。

后投氯自动控制：PLC可以采集采样点的余氯、出厂水余氯等参数，计算出相应各台滤后投氯机的投加量，控制氯后加氯机增加或减少投氯量，保证投氯需要。用户可以选择一种或多种测量参数来控制，并且可以修正部分控制参数。

（5）漏氯检测和氯吸收装置。在氯库和蒸发器室等处，设有漏氯检测装置，当发生漏氯时，发出控制信号，控制漏氯吸收装置，吸收泄露的氯气。吸氯装置一般由供应商成套提供，吸氯装置设备应包括溶液泵、风机、中和塔、溶液池、响应的控制阀门。当系统被激发后，设备可以自动完成功能。

三、投氨系统

（一）主要控制对象

（1）加氨机：加氨机和切换阀门。

（2）压力管道检测和氨瓶组切换装置。

（3）电子称：测量正在使用和备用的氨瓶。

（4）用于投氨控制的水质仪表。

（二）信号采集

（1）加氨机的运行状态、投加量和切换阀门的开关位置，故障等信号。

（2）压力管道上的压力值、切换阀门的开关状态，转换开关的运行状态，故障等信号。

（3）正在使用和备用的氨瓶的重量等信号。

（4）用于投氨控制的水质仪表参数，取水瞬时水量等信号。

（三）主要控制内容

（1）通过现场控制站可以对整个投加系统的工艺参数、设备状态进行采集显示和控制，根据工艺过程要求，完成对上述所有设备及其配套的控制装置的控制和设定，并记录系统运行情况。

① 监控投氨系统里任意一台加氨机的运行状态及有关阀门的运行状态，并能设定和修改其运行参数，采集投氨系统送出的有关监测参数。

② 监控投氨系统里氨瓶切换装置的运行状态及有关阀门的运行状态。

③ 监测投氨系统里任意一台电子称、电力监测器的送出的全部运行参数。

（2）氨瓶和氨瓶组：投氨电子称测量着使用和备用氨瓶的重量，检测着管道上的压力情况，根据设置，可以发出预警信号，提示值班人员，当管道上的压力开关发出低压报警时，可以自动或远程切换氨瓶组。检测管道上的安全阀的状态，及时发出警告信号。

（3）压力管道：监测压力管道上的安全开关的状态；监测电动减压阀的开停状态。

（4）当投氨机处于远程控制时，控制终端的界面可以模拟现场的控制器，进行远程控制投加量，PLC可以通过检测有关参数，通过计算，计算出合理的投加值，满足所设定的余氯值。

前投氨自动控制：PLC可以采集进水水量、滤前投氯量、原水氨氮等，计算出相应各台滤前投氨机的投加量，控制氨前加氨机增加或减少投加量，保证投氨需要。可以选择一种或多种测量参数来控制，并且可以修正部分控制参数。

后投氨自动控制：PLC可以采集采样点的余氯、滤后投氯量、出厂水余氯等参数，计算出相应各台滤后投氨机的投加量，控制滤后加氨机增加或减少投氨量，保证投氨需要。用户可以选择一种或多种测量参数来控制，并且可以修正部分控制参数。

四、石灰投加系统

（一）主要控制对象

（1）投加泵：投石灰泵及其变频器。

（2）各部分管道上的主要阀门。

（3）储液池、溶解池。

（4）用于投石灰的水质仪表、电磁流量计。

（二）信号采集

（1）投加泵及其配套变频器的运行状态、变频器运行速度、故障等信号。

（2）各部分管道上的主要阀门的开关状态，故障信号。

（3）储液池、溶解池的液位，搅拌机的运行状态，故障等信号。

（4）用于投石灰控制的水质仪表（pH等）参数，取水瞬时水量等信号，投石灰的流量计的瞬时流量、累计流量等信号。

（三）主要控制内容

（1）通过现场控制站可以对整个投加系统的工艺参数、设备状态进行采集显示和控制，根据工艺过程要求，完成对上述所有设备及其配套的控制装置的控制和设定，并记录系统运行情况。

①监控投石灰系统里任意一台电机变频器及有关阀门的运行状态并能设定和修改其运行参数。

②监控投石灰系统里任意一台搅拌机的运行状态。

③监测投加系统里任意一台电力监测器的送出的全部运行参数。

④监测储液池、溶解池的液位信号。

（2）投石灰泵及投加量的控制。投石灰泵分为"现场控制""远程点动"和"自动运行"三种控制方式。在"自动运行"方式下，采用与原水流量按比例投加的控制方式。在控制过程中，系统还检测阀门、变频器、流量等的故障报警。当变频器、投石灰泵发生故障时，系统自动将备用泵投入使用，并发出报警信号，记录故障时间。

（3）搅拌机的监控。搅拌机分为"现场控制""远程点动"和"自动运行"三种控制方式。在"自动运行"方式下，PLC将检查相关阀门、搅拌机的状态，定期分组开停搅拌机，如果搅拌机出现故障，系统将自动切换备用搅拌机，并记录故障时间。

五、次氯酸钠投加系统

（一）主要控制对象

（1）投加泵：投加泵及其变频器。

（2）各部分管道上的主要阀门。

（3）储液池、中转池。

（4）用于投次氯酸钠的水质仪表、电磁流量计。

（二）信号采集

（1）投加泵及其配套变频器的运行状态、变频器运行速度、故障等信号。

（2）各部分管道上的主要阀门的开关状态、故障信号。

（3）储液池、中转池的液位，中转泵的运行状态，故障等信号。

（4）用于投次氯酸钠控制的水质仪表（余氯等）参数、取水瞬时水量等信号。

（三）主要控制内容

（1）通过现场控制站可以对整个投加系统的工艺参数、设备状态进行采集显示和控制，根据工艺过程要求，完成对上述所有设备及其配套的控制装置的控制和设定，并记录系统运行情况。

① 监控投次氯酸钠系统里任意一台电机变频器及有关阀门的运行状态并能设定和修改其运行参数。

② 监控投次氯酸钠系统里任意一台中转泵的运行状态。

③ 监测投加系统里任意一台电力监测器送出的全部运行参数。

④ 监测储液池、中转池的液位信号。

（2）投加泵及投加量的控制。投加泵分为"现场控制""远程点动"和"自动运行"三种控制方式。在"自动运行"方式下，接受模拟量信号，进行远程控制投加量，另外PLC可以通过检测有关参数，通过计算出合理的投加值，满足用户所设定的余氯值。

前投自动控制：PLC可以采集进水水量、原水余氯、沉淀池余氯、待氯水余氯等参数，计算出相应各台滤前投加泵的投加量，控制投加泵增加或减少投加量，保证投次氯酸钠需要。可以选择一种或多种测量参数来控制，并且可以修正部分控制参数。

后投自动控制：PLC可以采集采样点的余氯、出厂水余氯等参数，计算出相应各台滤后投加泵的投加量，控制滤后投加泵增加或减少投氯量，保证投次氯酸钠需要。用户可以选择一种或多种测量参数来控制，并且可以修正部分控制参数。

（3）中转泵的监控。中转泵分为"现场控制""远程点动"和"自动运行"三种控制方式。在"自动运行"方式下，PLC将检查相关阀门、中转泵的状态，当中转池的液位在用户设置上，PLC将自动记录有关的储液池的液位、时间，开启有关的阀门，开中转泵，向相应的储液池抽液，当液位将到低液位时，自动停泵，关阀。在这一过程中，如果中转泵出现故障，系统将自动切换备用泵，并记录故障时间。此外，系统将自动记录本次操作的抽矾量、操作开始和结束时间。

（4）PLC系统及时判断设备运行状态，发生故障时在中控室有报警提示，提醒操作人员现场检查。

六、粉末活性炭和高锰酸钾投加系统

粉状活性炭适用于季节性短期污染高峰负荷的水源净化。在水源受污染较重的季节，投加粉状活性炭可作为水质保障的应急措施。

粉末活性炭的投加方法有湿投法和干投法两种。粉末活性炭投加时粉尘很大，必须采取防尘措施。

投加高锰酸钾复合药剂可以采用重力投加和压力投加两种投加方式。重力投加操作比较简单，投加安全可靠，缺点是必须建造高位药液池，增加加药间层高。

压力投加较多是采用隔膜计量泵投加。这种方式的优点是定量投加，不受压力管压力等所限，缺点是价格较贵，需要维护。

由于各地的水质和处理工艺条件不同，在实际应用中应根据水质和具体可能进行的反应时间来确定高锰酸钾复合药剂中高锰酸钾的含量和高锰酸钾复合药剂的投加量。

第五节　送水泵房

一、主要控制对象

（1）送水泵组：送水泵组及其配套液控、同步机组励磁屏、电控阀门。

（2）泵房配套设施：排水用潜水泵、电磁流量计等。

（3）其他工艺设备：泵房附属配套设施。

（4）计量仪表：出厂水水质仪表，用于机组的压力表、流量计和出水管压力表、流量计。

二、信号采集

（1）送水泵组及其配套液控、电控阀门的位置状态，进出水管压力，送水泵组流量，阀门位置状态，机组温度，故障等信号。

（2）同步送水泵组励磁屏的励磁电压、励磁电流、工作状态参数，故障等信号。

（3）排水用潜水泵运行状态，电压、电流，液位高低，故障等信号。

（4）泵房附属配套设施的运行状态，阀门位置，故障等信号。

（5）用于出厂水的水质仪表（浊度、余氯、pH 等）参数，和出水管阀门位置，流量计的瞬时流量、累计流量，压力计等信号。

三、主要控制内容

（1）通过现场控制站可以对整个泵站系统工艺参数、设备状态进行采集显示和控制，根据工艺过程要求，完成对上述所有设备及其配套的控制装置的控制和设定，并记录系统运行情况。

① 监控系统内任意一台机组的运行状态并能设定和修改其运行参数，机组的启停满足工艺设备要求，采集综合保护器送出的所有监测参数。

② 监控清水池水位、出水水质、出水压力、流量及其泵房附属配套设施的运行状态

及运行参数，采集系统送出的有关监测参数。

③ 监测任意一台电力监测器的送出的所有运行参数。

④ 接收取水泵站相关数据。

⑤ 接收变电站送出的所有运行数据。

（2）送水泵组的控制。送水泵组分为"就地手动""就地自动""远程控制"三种控制方式。在"就地自动"或"远程控制"下，泵组可自检和一步化开停泵组。PLC系统及时判断设备运行状态，发生故障时在中控室有报警提示，提醒操作人员现场检查。

第六节　污泥处理控制系统

一、主要控制对象

（1）排水池、上清液集水池、排泥池、浓缩池、储泥池、脱水机房。

（2）潜污泵、出口阀、搅拌/刮泥机、污泥切割机、脱水机组等设备及相关阀门。

（3）药物投加系统及用于污泥处理的水质仪表。

二、信号采集

（1）排水池、上清液集水池、排泥池、浓缩池、储泥池、脱水机房等的工艺参数、电气参数、设备状态的信号。

（2）潜污泵、出口阀、搅拌/刮泥机、污泥切割机、脱水机组的运行状态及相关阀门位置状态等信号。

（3）药物投加系统的运行状态，用于污泥处理的水质仪表参数。

三、主要控制内容

（1）通过现场控制站可以对整个污泥处理系统的工艺参数、设备状态进行采集显示和控制，根据工艺过程要求，完成对上述所有设备及其配套的控制装置的控制和设定，并记录系统运行情况。

① 监控排水池任意一台污泥泵和刮泥机运行状态并能设定和修改其运行参数。

② 监控上清液集水池任意一台上清液回收泵运行状态并能设定和修改其运行参数。

③ 监控排泥池任意一台污泥泵和搅拌机运行状态并能设定和修改其运行参数。

④ 监控浓缩池任意一台污泥泵和刮泥机运行状态并能设定和修改其运行参数。

⑤ 监控储泥池任意一台污泥泵和刮泥机运行状态并能设定和修改其运行参数。

⑥ 监控脱水机系统任意一套脱水机系统和 PAM 药物投加系统及出泥系统运行状态并能设定和修改其运行参数。

⑦ 监视任意一座浓缩池污泥浓度、切割机后管道污泥浓度运行状态及运行参数。

⑧ 监控用于助凝剂（聚丙烯酰胺）投加的任意一台螺杆泵及其控制设备。

⑨ 监测任意一台电力监测器的送出的全部运行参数和污泥系统液位以及流量仪表的送出的全部水质参数。

（2）排水池控制：将排水池水泵控制箱打到"自动"位置，水泵将按照以下程序运行。

①水泵的启动采用时间控制：当排水池液位高于设定值时，泵组每小时开动一次，每次启动一台泵组运行设定的时间，同时抽吸预沉池的污泥，与沉淀池排泥水混合后输往浓缩池；当排水池液位低于设定值时，泵组停止运行。

②中心刮泥机：当排水池开始运行后，中心刮泥机将24小时连续运行。

（3）集水池控制：将上清液集水池水泵控制箱打到"自动"位置，水泵将按照以下程序运行。排水池的上清液进入后，上清液集水池开始工作，当上清液集水池水位升至一定高度时，开第一台泵，当水位继续下降至设定高度时，泵组全停。用PLC程序根据液位控制潜水泵开停及泵组运行组合。

（4）排泥池控制：将排泥池水泵控制箱打到"自动"位置，水泵将按照以下程序运行。将沉淀池排泥水和排水池底部的污泥水收集、混合，当排泥池水位升至一定高度时，开第一台泵，当水位继续下降至设定高度时，泵组全停。用PLC程序根据液位控制水泵开停及泵组运行组合。

（5）浓缩池控制：将浓缩池水泵控制箱内的万能开关打到"自动"位置，水泵将按照以下程序运行。

①污泥水通过池中间的进泥筒进入浓缩池进行泥水分离。

②上清液由池上部的集水槽、集水总渠收集，通过回收管自流排入水厂配水池。

③每个浓缩池配1台污泥泵，每台泵的出泥管上安装1台污泥浓度计。泥沉淀至池底进行浓缩，再由污泥泵将浓缩污泥抽升至储泥池，污泥泵的启动采用时间和出泥浓度双控制。当1台污泥泵运行设定时间或该台泵的出泥管上的污泥浓度计检测到出泥浓度小于设定值时该水泵停止抽泥。第2个浓缩池的污泥泵启动，各个浓缩池依次抽泥。当全部污泥切碎机都停止运行或储泥池液位高于设定值时，污泥泵将停止运行。

④刮泥机应24小时连续运转，并具有机械过扭矩保护装置。

（6）储泥池控制：将储泥池控制箱打到"自动"位置时：

①污泥浓缩池的污泥泵将泥水抽至储泥池，储泥池开始工作，当一个池进泥时，另一个池应停止进泥，交替轮流使用。

②当储泥池水位上升至设定值时，搅拌机启动并应保持24小时连续运行。

③为保证搅拌机的正常运行，脱水机房的泵组在一个池的泥水位降至设定值时，应停止从该池抽取泥水。

④如果遇到特殊情况，一个池水位下降到最低限值以下时，该池潜水搅拌机应立即关机。并应将余下的泥抽空，以免污泥沉积在搅拌机底部。

（7）配药系统控制：将控制方式打到"自动"时，整个投配药系统将根据搅拌筒内的液位开关和储药桶内的液位开关状态变化情况自动完成投配药系统工作全过程。

（8）污泥处理系统：在自动工作方式状态下和总电源接通情况下，污泥脱水成套装置受控设备将按PLC内已编制好的自动控制程序，完成整个自动开机过程。

第七节 新工艺控制系统介绍

一、生物预处理系统

（一）主要控制对象

（1）给水曝气生物滤池：滤池水位计、进水阀、排泥阀、排气阀、曝气阀、冲洗阀等。

（2）反冲洗泵房：反冲洗设备、曝气鼓风机、空压机。

（3）总管放空阀、曝气总阀，固液分离器。

（4）计量、仪表：用于生物预处理控制的仪表。

（二）信号采集

（1）滤池水位计，生物滤池进水阀、排泥阀、排气阀、曝气阀、冲洗阀的位置状态等信号。

（2）反冲洗设备（配套变频器）、曝气鼓风机（配套变频器）、空压机的运行状态，及其附属阀门的位置状态，冲洗流量的瞬时和累计数值，故障等信号。

（3）总管放空阀、曝气总阀的位置状态，压力表，固液分离器运行状态，故障等信号。

（4）水质仪表（温度、浊度、pH值、余氯等）参数，生产过程参数（压力、流量、液位）等信号。

（三）主要控制内容

（1）通过现场控制站可以对整个生物预处理系统的工艺参数、设备状态进行采集显示和控制，根据工艺过程要求，完成对上述所有设备及其配套的控制装置的控制和设定，并记录系统运行情况。

① 监控任意一格滤池的运行状态并能设定和修改其运行参数。

② 监控反冲洗泵房内任意一台曝气鼓风机、反冲洗设备的运行状态并能设定和修改其运行参数。

③ 监控任意一台空压机的运行状态并能设定和修改其运行参数。

④ 监控反冲洗泵房里任意一个电机变频器的运行状态并能设定和修改其运行参数。

⑤ 监测滤池任意一台电力监测器的送出的全部运行参数。

⑥ 监测净水系统水质仪表送出的全部水质参数。

⑦ 直接可以控制滤池照明系统。

（2）鼓风机房主站主要控制功能包括：

① 鼓风机、出风阀、旁通阀联动一步化控制。

② 曝气鼓风机根据生物滤池进水流量（原有设备通过通信提供信号）比例曝气总强度，参考进出水溶解氧值，自动或手动进行比例值调节，总管流量信号反馈控制。

③ 曝气鼓风机根据运行时间及工况自动切换。

④ 气囊冲洗鼓风机根据运行时间及工况自动切换。

⑤ 空压系统根据压力限值自动运行并保持。

⑥ 进行生物滤池滤格的冲洗排队，在排水池液位允许（暂定）的条件下，协调各滤格自动气冲。

⑦ 获取低压开关柜上的进线电压/电流/功率因数/有功功率等电量参数和进线/分段断路器开/断、故障信号，以及鼓风机、空压机电机电流/有功功率/有功电度。

⑧ 根据计算单个曝气量控制气体流量调节阀的开启度，曝气管流量信号反馈控制，曝气管出口压力限值控制最低开启度。

（3）滤格子站主要控制功能包括：

① 根据滤格进水堰后水位限高、过滤时间，确定是否进行反冲洗，并向鼓风机房的 PLC 主站发出反冲洗请求。

② 当反冲洗条件成立时，还须检测冲洗资源是否满足，反冲洗泵房根据排队顺序冲洗滤格，只有设定条件都成立时才在堆栈中提取排队队列中的第一个滤格，实现反冲洗设备的一步化开停、变频电机调速控制和滤池反冲洗排队控制要求。反冲洗设备的开机顺序由计算机判别，计算机累计反冲洗设备的运行时间，按照累计运行时间的大小选择开机，累计运行时间小的设备优先开启。排泥时机及次数可根据运行一段时间后的经验调整。

二、臭氧－炭滤池系统

（一）主要控制对象

（1）气源制备系统：VPSA（Vacuum Pressure Swing Absorption，真空变压吸附技术）系统、液氧储罐、空温式液氧汽化器。

（2）臭氧发生系统（成套设备）：臭氧发生器、发生器供电单元（PSU，含变频、变压、冷却系统）、供配电系统（PDB）、空气和氮气投加系统、相关仪表阀门、管道等。

（3）预臭氧接触反应系统：接触池数量、射流投加线、文丘里射流器数量、射流器动力水泵。

（4）主臭氧接触反应系统：接触池数量、投加线。

（5）臭氧尾气破坏系统：加热型臭氧尾气破坏器。

（6）活性炭滤池及其反冲洗配套设备。

（7）仪表设备：各控制系统中的仪表、计量等。

（二）信号采集

（1）VPSA 系统、空温式液氧汽化器的运行状态，液氧储罐的储存量、压力、温度，故障等信号。

（2）臭氧发生器、发生器供电单元、供配电系统、空气和氮气投加系统的运行状态、相关仪表的信号，阀门、管道的位置状态，故障等信号。

（3）射流水泵组的运行状态，水射器的开停状态。

（4）反冲洗水泵、鼓风机、空压机的运行状态、电流、电压、压力及其阀门的位置状态、故障等信号。

（5）炭滤池水位计信号；进水阀门、排水阀门、出水调节阀门、气冲阀门、水冲阀门的位置状态、故障等信号。

（6）用于臭氧系统控制的仪表设备，如氧气质量流量计、臭氧气体流量计、臭氧气体浓度计、水中余臭氧浓度计、气体压力表、气体温度表、冷却水流量计等信号。

（7）检测臭氧浓度，包括发生器出气浓度、接触池进出口处浓度、臭氧车间和尾气车间的环境监测浓度。

检测压力，有进气压力、发生器压力、尾气压力、冷却水压力、加压泵压力、水射器前后压力。

检测温度，包括进气温度、尾气破坏温度、冷却水的进出水温度。

检测流量，包括进气量、臭氧气流量、各分配管的臭氧气流量、预臭氧加压泵流量。

（三）主要控制内容

（1）通过现场控制站可以对整个臭氧投加系统的工艺参数、设备状态进行采集显示和控制，根据工艺过程要求，完成对上述所有设备及其配套的控制装置的控制和设定，并记录系统运行情况。

① 监控臭氧发生间任意系统运行状态并能设定和修改其运行参数。

② 监控任意一格滤池的运行状态并能设定和修改其运行参数。

③ 监控反冲洗泵房里任意一台风机、水泵电机的运行状态并能设定和修改其运行参数。

④ 监测任意一台电力监测器的送出的全部运行参数。

⑤ 监测净水系统水质仪表的送出的水质参数。

⑥ 直接可以控制滤池照明系统。

（2）预臭氧接触反应系统控制：在预臭氧接触池进水管处的电磁流量计，提供模拟量信号供臭氧发生器的 PLC 系统根据处理水量进行臭氧投加量控制。在全自动控制状态下，能自动切换水泵运行，保证射流器压力水压力。

（3）主臭氧接触反应系统控制：在主臭氧接触池进水管道上的电磁流量计，提供模拟量信号供臭氧发生器的 PLC 系统进行臭氧投加量控制。

（4）炭滤池过滤控制和反冲洗泵及鼓风机控制参考 V 形滤池的控制功能。

三、膜处理控制系统

（一）主要控制对象

（1）供水泵组机房：供水泵组、真空泵组、自清洗过滤器等。

（2）超滤主机房：膜主机。

（3）清洗加药间：投药系统、反洗泵组。

（4）风机房：鼓风机组、空压机组、储气罐。

（5）计量、仪表：用于膜处理控制的仪表。

（二）信号采集

（1）供水泵（配变频器）、真空泵、自清洗过滤器的运行状态，及其附属阀门的位置状态。

（2）膜主机的运行状态，以及其附属阀门、管道阀门的位置状态。

（3）加药泵、反洗泵的运行状态，清洗罐、储药罐、中和池的液位，及其附属阀门的位置状态。

（4）鼓风机、空压机的运行状态，储气罐的压力，及其附属阀门的位置状态。

（5）水质仪表（温度、浊度、颗粒、余氯、pH、QRP 等）参数，生产过程参数（压力、流量、液位）等信号。

（三）主要控制内容

（1）通过现场控制站可以对整个膜处理系统的工艺参数、设备状态进行采集显示和控制，根据工艺过程要求，完成对上述所有设备及其配套的控制装置的控制和设定，并记录系统运行情况。

（2）供水泵组机房控制。供水泵组机房包括供水泵、真空泵和自清洗过滤器。设备运行控制分"现场手动""远程手动"和"远程控制"三种方式。初次供水或调试时应采用现场手动操作。

在自动控制下，供水泵组可根据运行累计时间自动切换备用机组，供水泵根据自清洗过滤器后面的压力变送器作 PID 变频运行，使压力始终保持设定值。

真空泵在达到设定条件时，可自动对相应的供水泵启动抽真空程序。

自清洗过滤器可根据设定时间或设定压差两种条件进行自清洗。每台设备装有差压控制器，可自动控制清洗的开始和结束。

（3）超滤主机房控制。超滤主机房由若干组膜主机单元组成，每个膜主机单元可单独自控运行和联机自动运行，在正常情况下全部膜主机按联机自动运行。在公共 PLC 站故障或手动情况下，各个膜主机可现场单独运行。

膜主机联机运行由公共 PLC 站负责，总程序记录目前联机在线的膜组，按时序依次进行需要启动的程序，联机运行的膜组主要运行程序跟单独膜组的一样。对于公共 PLC 站具有全部自控功能，除了具有显示超滤膜处理系统工程设备的运行状态，显示工艺流程的动态参数外，还包括显示相关参数的趋势，历史数据及历史记录，各类报表，以及提供打印、报警、远程操作等功能。

（4）清洗加药间控制。清洗加药间包括投药系统和反洗泵组。

投药系统需要在维护性清洗、恢复性清洗及中和池废液中和时启动，除了设备检修、手动测试复核加药浓度等外，整个药剂溶解及药剂投加全部程序实现自动化。

反洗泵组设为膜组气洗程序的备用措施，当系统中膜压差过高、或进水浊度过高、系统膜污堵状况较大时，可以启动反洗系统。

（5）风机房控制。风机房包括鼓风机和空压机。

鼓风机的主要功能是为膜主机提供气洗过程的气源，鼓风机只受 PLC 自控程序控制自动启停。鼓风机随膜组气洗程序、维护性/恢复性清洗程序需要吹扫搅拌风时自动启动。

空压机的主要功能是为系统中所有气动阀提供气源。空压机启动后会根据出口管路中的压力自动运行，即按设定的低点启动高点停止。

第八节　中控室子系统

一、概述

各水厂中控室要求不同，本文以南洲水厂为例。

中控室通过系统网络通信，采集接收各现场控制站检测到的主要工艺设备工况及报警信号，送至中控室模拟板（RS232/RS485 接口，预留），对其进行定时刷新，实现实时动态显示。如图 3－1 所示。

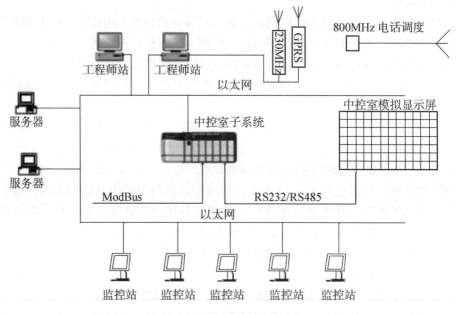

图 3－1　中控室网络示意图

二、监控及管理的软件平台

服务器配置使用双机热备份方案。RSVIEW SE 采用冗余设计，后台数据库使用 SQL Server。RSVIEW SE 从各个主控 PLC 中读取数据，再保存到 SQL Server 中。RSSQL 工具帮助 RSVIEW SE 数据与 SQL Server 数据库进行连接。调度通信软件负责与水公司调度系统的通信，而全厂数据管理则由水厂数据管理系统负责，包括报表打印、决策分析、数据转存和备份。

（一）监控软件功能

监控系统软件采用组态软件模块化设计，并具有汉化界面。各监控站数据从服务器数据库中获取，以客户端方式运行。现场控制站的操作员站的任务是在标准画面和用户组态画面上，设定、汇集和显示有关的运行信息，供运行人员对设备的运行工况进行监视和控制。

操作员站要求监视或控制工艺点的生产过程画面及生产实时数据，查询和打印各种历史数据。中控监控管理站作为取水、净水、供水和污泥处理的中心，用于全厂的数据监控和数据管理，具有各操作员站的全部内容。

各系统具有以下主要功能：报警处理、历史数据管理、事件处理、人机界面、画面显示、数据通信、报表产生、实时与历史数据分析、安全登录和密码保护、操作控制功能及其他功能。下面介绍前面五种功能。

1. 报警处理

在任何时间和任何显示工作站均能在画面顶部或底部显示出总的报警信息，包括报警设定值（报警条件）、报警值、报警状态、报警时间。这些报警信息使操作人员快速地调用与本报警有关的画面，以得到可以寻找故障原因的详细资料。

2. 历史数据的管理

可按要求进行分类列表，对于变量应标明时标、属性、测量范围、实时值，并用颜色或符号表明数据性质；也可以在表格上用"指针"选定数据点，对其设定值、测量范围、数据性质进行修改（只能由赋予权利的人员进行）。

3. 事件处理

（1）事件登记；

（2）事件检索；

（3）事件记录存储。事件库中具有足够的容量存放事件登记，事件登记每天以数据文件形式入库，盘区存满后通知操作员移出另外存储。

4. 人机界面

（1）人机界面运用开放系统的图形窗口技术；

（2）友好的操作人员界面；

（3）程序员可在线修改和编辑画面；

（4）支持三维图形；

（5）带有详细的联机帮助功能。

5. 画面显示

（1）助站级显示：包含站内整个系统及相关系统的运行状态总貌，显示出主设备的状态、有关参数以及控制回路中过程变量与设定值的偏差。工艺控制图形的总体结构形式为窗口式和分层展开式相结合，能从总图到详图多层次监视。

（2）功能组显示：包含过程输入变量、报警条件、输出值、输入值、设定值、单元标号、缩写的文字标题、控制方式、报警值等。功能组显示画面包含所有监控单元或回路。系统提供图形符号库，这些图形可用来代表各种设备的类型且符合国标。

（3）细节显示：可观察以某一单元为基础的所有信息。

（4）其他显示：包含报警显示、趋势显示、成组显示、棒状图显示、帮助显示、系统状态显示等。

（5）在各个工艺过程的合适位置实时显示主要相关数据。

（6）画面显示系统的操作采用图形标记，下拉式屏幕菜单和键盘按钮。

所有显示和打印输出均可显示出以24h形式的时间。

（7）趋势图显示：可以用棒状图或线状图显示历史趋势或当前趋势，可选择1～16条实时或历史趋势图（用不同颜色）在同一时间内显示在一幅画面上。当前趋势显示根据实时原理不断校正。操作员可以方便地调整趋势显示的时间坐标或输入范围。

（二）数据管理软件功能

根据水厂的工艺特点及分布式监控系统的特点，数据的存储有两种：一是现场存储，主要用于数据的后备，当控制系统中心数据服务器存储失败后，可作补充或效验比较之用；二是中央存储，由数据服务器完成，用作标准数据源，作为所有的处理和查询之用。

RSVIEW SE 先从各个主控 PLC 中得到各种生产数据，同时利用 RSVIEW SE 的标签功能，计算那些二级数据（指需由多个实时生产数据复合计算而成的数据，如效率、电耗等）。RSSQL 采集各个 RSVIEW SE 标签的值并保存到 SQL SERVER 中，先储存到原始信息数据库。

数据库则分为以下几种：

1. 原始信息数据库

保存整个工控系统实时采集的数据，原始采集数据内容包括水质以及电站、取水泵站、送水泵站、滤池、投药、污泥处理等子系统的主要参数。它主要用作显示趋势图，并为实时信息数据库提供数据源。数据定时采集，在线存储，记录周期可调，采样周期缺省值为 5s 。数据采用先入先出的保留形式，保存一个月。数据同时保留在本地的 ACCESS 数据库和 SQL SERVER 中。当 SQL 服务器维护或网络堵塞，RSVIEW SE 无法把数据存放到 SQL SERVER 时，数据继续保存在当地的 ACCESS 数据库中。当故障消除后，RS SQL 再把 ACCESS 原始信息数据库中的数据导入 SQL SERVER，这样充分保证了数据的连续性。

2. 实时信息数据库

保存由原始信息数据库转换而成的数据，还有其他水厂的生产数据，包括天气情况、生产调度数据、材料价格等。主要作用是用于报表处理、统计分析，并为标准数据库提供数据源。数据库保存于 SQL SERVER 中，生产数据记录周期为 5min，并可保存 6 个月（采取先进先出的数据更新方式）。原始信息数据库中的数据经过检查和过滤后，送到实时信息数据库保存。

这些数据将作为厂内的数据标准，即全厂所有的工控子站（包括现场子站）、MIS 系统，对外实时数据交换的标准数据，同时也作为以后统计、计量、保存、与外界数据交换、报表生成的数据依据。工程师能在工程师工作站上输入和编辑历史数据。用这种方法可以输入外部产生或遗漏的信息。

此外，可以根据最新被输入的或被编辑数据重新计算历史计算值。

3. 标准数据库

由实时信息库中的内容、事件记录和报警记录生成一个主索引，按每天增加一项新记录形式的关系数据库，还包括以此为基础衍生出的各个生产报表数据，如电子文档、打印硬拷贝等，还有各种初级统计报表（如月报表、旬报表、季度报表等）。系统定时提示、人工确认，由工程师站或授权计算机进行转存、压缩保存，容量不限，可再刻录到光盘。转存数据可人工操作，也可设置定时自动转存，以保障数据安全。

4. 历史数据库

为使水厂的数据能长期保存，必须定时对数据进行转存和备份。系统定时提示、人工确认，由工程师站或授权计算机将标准数据库、实时信息数据库、原始数据库中的数据进行转存、压缩保存。容量不限，再刻录到光盘。转存数据可人工操作，也可设置定时自动转存，以保障数据安全。原则上由工程师按每月一次转存和备份，并可自由选择保存的时间范围，采样周期可调。从历史数据能够计算最小值、最大值、平均值、标准值、偏差值、累积值和其他特殊的方程式。此外，运行程序的结果也可以存储在历史数据库。所有收集的实时数据都按时序依次存储，对重要的过程数据和计算数据进行在线存储，并可保存至少48h。用户可定期将这些数据转存成历史数据，并可根据数据的组号、测点号、测点名称、时间间距、类型、名称、属性等项目来检索所存储的历史数据。历史数据保存期为两年，可转储。

5. 实时与历史数据分析

根据水厂工艺运行与管理的特点，建立各种重要参数的历史知识规则库，自动学习建立其规则知识库；实时采集现场数据进行计算（如泵站效率、供水成本、机组电耗等），自动根据数据规则库建立水厂重要参数的知识学习规则库、分析判断泵组是否在高效区运行，分析供水电耗是否正常，供水成本是否合理，为生产运行决策提供依据。可以对每日生产运行结果进行分析与处理，供相关人员分析参考。

第九节　原水管网监测

原水管网监测主要包括原水管压力和流量监测系统，还有管线重点区域实时视频监控辅助系统。

一、原水管压力和流量监测系统

在输水管沿线建立若干压力监测点，各点的表压值随着压力传感器安装高程的变化而高低起伏。但是在输水管爆漏情况下，各点的表压压降与水压高程的变化值应完全相等。因此，可以直接利用输水管线的压力传感器监测值（即表压值）监测输水管沿线的压降，无需通过各压力监测点的安装高程进行水压高程的计算。

将输水管各节点的表压不断与背景值比较，当沿线大部分节点的表压差均达到报警值时，即可以判断输水管已经发生爆漏。爆漏事故的压降曲线为单峰折线，压降峰值所处节点的附近即为爆漏点。

至于爆漏量，可以根据输水管的压力高程线和爆漏压降线以及取水泵站的水泵工况，借助输水管线的动态水力模型间接加以计算，作为独立于流量监测的参考值。

所谓输水管的节点表压背景值，即为引水输水管线系统各压力监测点在该工况下正常表压值。

表压背景值由于以下原因而变化：① 取水泵站改变运行泵组；② 取水点水位的变化；③ 机械振动；④ 管内积气。

输水管的沿线爆漏压降为单峰折线，爆漏点位于单峰折线的折点，压降最大。

压降峰值的大小与下列因素有关。

1. 输水管爆漏量

输水管爆漏水量越大，输水管爆漏的压降峰值也越大。

某节点下游的输水管特性曲线为：

$$H = H_0 + a \cdot L \cdot Q^2$$

该节点发生爆漏流量为 ΔQ 时，其下游的输水管特性曲线为：

$$H_b = H_0 + a \cdot L \ (Q - \Delta Q \ )^2$$

该节点爆漏压降 ΔH 为：

$$\Delta H = H - H_b \approx a \cdot L \cdot Q \cdot \Delta Q \tag{1}$$

从上式可以看出，该节点发生爆漏流量 ΔQ 越大，输水管爆漏的压降峰值 ΔH 也越大。

2．取水泵站泵组工况

从式（1）可以看出，取水泵站的提升水量 Q 越大，输水管爆漏的压降峰值 ΔH 也越大。反之，取水泵站的提升水量 Q 越少，输水管爆漏的压降峰值 ΔH 也越小。

3．水管爆漏位置

从式（1）可以看出，爆漏点越靠近取水泵站，则节点至下游配水泵站的输水管长度 L 越大，输水管爆漏的压降峰值 ΔH 也越大。反之，爆漏点越靠近配水泵站，爆漏压降也越小。

爆漏监测信息上传至调度中心，借助输水管线动态水力模型系统，完成管线爆漏信息处理，还可以通过和输水管线地理信息系统（GIS）对比，进行事故决策。

二、管线重点区域实时视频监控辅助系统

根据引水原水管线的工程条件，在盾构段、跨堤段、人口稠密段等重点区域设置摄像点，实时监测管线所在地面的发生情况。摄取的图像及控制信号传输到监控中心，在摄像点可定时发送单幅图像，也可通过指令发送单幅图像。随着 3G 网络的发展，逐步传送连续的视频图像。

第十节　水厂自动化系统建设综合案例

南洲水厂是广州市自来水公司第一座全自动化的深度处理饮用净水生产厂，处理能力为 100 万 t/d。其自动化系统本着为工艺服务的原则，综合考虑设备仪表的性能、特点以及水处理工艺和自动化系统的需求，为监控系统的正常运行提供保证，并充分考虑了整个自控系统的可扩展性和兼容性。

南洲水厂自动化监控系统自 2004 年 6 月投入运行以来，稳定可靠，满足生产实际需求，为南洲水厂的饮用净水生产发挥了重要作用。

一、PLC 自动控制系统

（一）系统结构

南洲水厂监控系统主网采用以光纤为传输介质、遵循 TCP/IP 协议的（10M/100M，环网）工业以太网为主干网络，现场主要设备采用独立 PLC 控制，采用 DeviceNet 等现场总线将其连接构成现场控制层；水质仪表、电类计量仪表、高压综合继电保护及测量设备等通过 Modbus 现场总线构成现场检测网络，并与主控 PLC 联网，主控 PLC 通过交换机连于全厂主网。控制排泥车等移动设备的小型 PLC 通过低功率、近距离的无线传输设备与

子站主控 PLC 通信。水厂与 30 km 外的取水泵站通过 VPN 方式通信，监测原水泵站状态。水厂内部监控系统以多任务平台上的实时监控、开发和管理软件组成工控局域网和管理以太网，通过网关上联至公司管理以太网和调度网络系统。

南洲水厂厂区，取水站、公司调度室通信采用广州市自来水公司 230MHz 系统和中国移动 GPRS 方式，在三地间租用电信 ADSL 专线，进行数据传送；有线与无线互为备用，自动切换，正常以有线为主。通信系统结构见图 3 - 2。

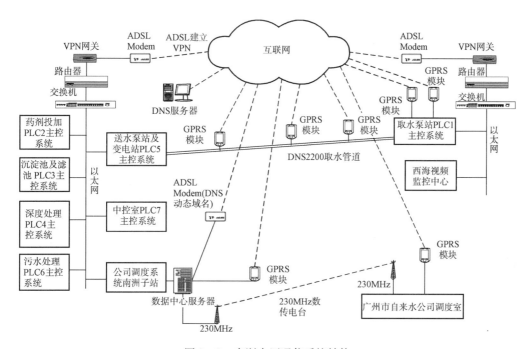

图 3 - 2　南洲水厂通信系统结构

（二）现场控制站

根据工艺流程的分布和水厂总平面布置，分别在取水泵房控制室、药剂投加室、滤池和反冲洗泵房控制室、深度处理控制室、变配电及送水泵房控制室、污泥处理控制室、中控室等处设置 7 个现场控制站，现场控制站 PLC 采用美国 AB 公司产品，主控 PLC 采用 ControlLogix 系列，设备层采用 MicroLogix1500 系列，以 DeviceNet 网络连接，主控 PLC 经交换机与全厂以太网连接。

现场控制站主要功能如下：

1. 取水泵站（PLC1）

用于取水泵站的工艺参数、电气参数、设备状态的采集，根据工艺过程要求通过网络对水泵等设备进行控制，水泵机组等由小型 PLC 控制。系统通过总线采集泵组及其他用电设备各类参数，该站站内 PLC 通过无线系统与水厂送水/中控室调度通信。

2. 药剂投加系统（PLC2）

各药剂投加系统由独立供货商或系统集成商成套提供，PLC 完成系统内各子系统的控制；通过 DeviceNet 或以太网与各子系统控制器交换数据；通过网络电缆与投加系统内的电力监测器连接以采集其数据。

3. 沉淀池及滤池系统（PLC3）

沉淀池及滤池系统控制排泥车、滤池及其反冲洗设备，主要负责协调各滤池反冲洗控制，与各格滤池就地控制柜内小型 PLC 通过现场总线进行通信。

4. 深度处理（PLC4）

PLC4 现场控制站用于深度处理设备的控制，并通过现场总线和 I/O 与成套设备通信，主要包括炭滤池系统、制氧、臭氧系统。

5. 送水泵站及变电站（PLC5）

PLC5 现场控制站用于送水泵房、总出水、变配电系统的工艺参数、电气参数、设备状态的采集，根据工艺过程要求对送水泵组、出口阀、配电等设备进行控制。通过 DeviceNet 总线与控制泵组的小型 PLC 联网，对其完成测控，通过总线采集泵组及其他用电设备各类参数，通过无线系统与取水泵站 PLC 通信。水泵等由小型 PLC 独立控制。变电站供配电系统为两路 110kV 进线，内桥结线，两台站变，其监控及保护系统通过 Modbus 总线与主 PLC 通信。

6. 污泥处理系统（PLC6）

PLC6 现场控制站用于污泥处理系统的工艺参数、电气参数、设备状态的采集，根据工艺过程要求对主要设备及相关阀门进行控制。

7. 中控室（PLC7）

PLC7 站用于中控室模拟屏驱动，通过系统网络通信，采集接收各现场控制站检测到的主要工艺设备工况及报警信号，送至中控室模拟屏（RS232/RS485 接口），对其进行定时刷新，实现实时动态显示。

二、原水管压力监测系统

南洲水厂原水管从顺德西海取水泵站到南洲水厂，全长 26.9km。为了有效地监测原水管的运行状况，建立了原水管压力监测系统。该系统设多个压力数据采集点以监测原水管的运行状态，各个采集点分别以 GPRS 向位于厂部的信息中心传输压力数据，并由位于中控的原水管数据处理工作站进行数据汇总后记录入数据库，供南洲水厂监测中心及有关部门分析和决策取用。系统在实际运行的过程中，明显提高了原水管压力监测工作的效率，保障了原水管的运行安全。

南洲水厂各管网监测点分布范围广、数量多、距离远，个别点还地处偏僻，采用有线通信方式建设周期长、工作难度大、运行费用高，不便于大规模使用；无线通信方式则显得非常灵活，它具有投资较少、建设周期短、运行维护简单、性价比高等优点。经过比较分析，选择中国移动的 GPRS 系统作为数据通信平台。

1. 系统组成

南洲水厂原水管压力监测系统由三部分组成，如图 3-3 所示，分别为现场监测点、GPRS 网络和调度室监测中心。各部分功能如下：

现场监测点：实现管道压力采集及数据传输功能。该部分由压力变送器、GPRS 数传模块、蓄电池组及太阳能板组成。通过压力变送器采集管网的压力参数，采集所得参数通过 GPRS 模块发送回调度室服务器。

GPRS 网络：信息传输平台。采用中国移动的 GPRS 网络作为信息传输平台。

调度室监测中心：实现数据的接收、保存和处理功能。通过 GPRS 网络，接收现场监测点发送回来的数据，并且进行加工处理。

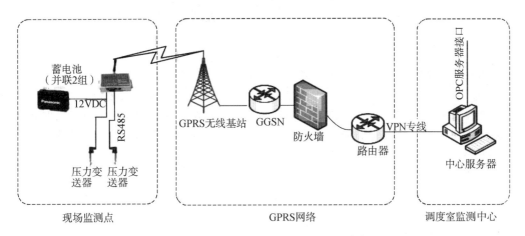

图 3-3　南洲水厂原水管压力监测系统架构图

2. 调度室监测中心服务器软件设计

系统平台采用移动（或电信）提供的 VPN 专线；并在服务器安装 MS SQL Server 2000 数据库。调度室监测中心服务器软件具有如下功能：

用户信息管理：提供两级（普通用户和系统管理员）权限的用户管理功能。通过该系统，普通用户能实现数据浏览、数据查询、系统参数设置、统计分析等功能；系统管理员处理能够实现普通用户的功能外，还具有用户信息管理、现场监测点管理等功能。

现场监测点管理：提供动态添加、删除、修改现场监测点和更改自动采集数据时间间隔的功能。随着业务的拓展，该系统可能需要添加、删除、修改现场监测点。现场监测点修改完毕之后，只需要在监测中心服务器软件进行相应的添加、删除、修改就可以自动采集现场的压力数据；在数据采集的过程上，本系统采用"一问一答"的形式。监测中心服务器软件根据用户设定的时间间隔，自动采集现场监测点的数据。

系统参数设置：提供系统参数修改和保存功能。在系统运行过程中，有些系统参数，如：服务器的 IP、端口号、备份/还原数据库的路径等可能需要动态修改并且保存。

远程通信：通过 GPRS 网络，调度室监测中心服务器与现场监测点进行 TCP 连接，并且实现双向通信。

数据展现和保存：通过 GPRS 网络，调度室监测中心服务器软件接收各现场监测点上传的压力参数。根据用户的要求，提供合理的展现方式（单点显示形式或列表显示形式），将所获数据保存到数据库中。

数据库备份/恢复：为了保证数据的安全，该系统提供数据库的定时（或用户随意）备份，数据的恢复功能。

数据查询和统计：提供数据的查询及统计分析功能。通过列表、图表等形式，展现查询所得数据，使用户能够直观地了解历史数据。

OPC Server 接口：采集所得数据通过 OPC Server 接口，实现数据的共享。SQL SERVER 和 RSVIEW 可以通过该接口轻松获得记录数据和实现前端展现。

第四章 辅助监控系统

辅助监控系统主要由视频监控系统和入侵报警系统组成。

视频监控系统主要用于保障厂区和公共活动区域内工作人员的人身安全,保障生产设备及其他重要设施的财产安全,预防人为破坏活动,并在意外事件发生后,第一时间取得事件发生的过程录像,为及时处理和追究责任提供有力证据。视频监控系统还可以在工厂日常生产过程中,起到辅助生产的作用,实现无人值守。

入侵报警系统主要用于防盗防破坏。

第一节 视频监控系统

水厂视频监控系统一般分为生产视频监控系统和安防视频监控系统。生产视频监控系统作为生产自动控制系统的辅助和补充系统,主要方便值班人员观察无人值守车间的关键工艺环节或关键设备的运行状况,一般在取送水泵站内、加药混凝、消毒、沉淀过滤与变配电站等关键生产部位设置视频监控设备。安防视频监控系统一般在取水口、水厂出入口、主要通道和周界、重要办公场所(如财务室)、重要物资仓库(如易燃易爆品存放处)等安全技术防范系统需要观察监视的部位设置视频监控设备。

一、系统组成

视频监控系统由前端设备(摄像机以及与之配套的相关设备,如镜头、云台、解码驱动器、防护罩等)、传输设备、硬盘录像机、矩阵控制系统和监视器等构成。

(一)摄像机

彩色摄像机适用于景物细部辨别,黑白摄像机适用于光线不充足地区及夜间无法安装照明设备的地区,在仅监视景物的位置或移动时,可选用黑白摄像机。

1. 摄像机器件的尺寸

常见的 CCD 摄像机靶面大小分为:1"、2/3"、1/2"、1/3"、1/4",目前多采用1/3"和 1/4" 的摄像器件。CCD 靶面尺寸越大说明通光量越多,反之越少。在购买摄像头时,特别是对摄像角度有比较严格要求的时候,CCD 靶面的大小、CCD 与镜头的配合情况将直接影响视场角的大小和图像的清晰度。

2. 摄像机的参数

(1)摄像机的像素

像素数指的是摄像枪 CCD 传感器的最大像素数,有些给出了水平垂直方向的像素数,如 500H×582V,有些则给出了前两者的乘积值,如 30 万像素。对于一定尺寸的 CCD 芯片,像素数越多,意味着每一像素单元的面积越小,因而由该芯片构成的摄像枪的分辨率也就越高,即像素越多,清晰度就越高,性能也就越好。38 万像素以上者为高清晰度摄像机。

（2）摄像机的分辨率（清晰度）

分辨率是衡量摄像机优劣的一个重要参数，用电视线（TV Line - TVL）来表示。它指的是摄像机摄取等间隔排列的黑白相间条纹时，在监视器（应比监视器的分辨率高）上能够看到最多的线数。其数值越大，成像越清晰。

目前市面上摄像机 330TVL - 480TVL 居多，420TVL 摄像机应用最为普遍，480TVL 高清晰度摄像机应用情况其次。

（3）摄像机的最低照度（灵敏度）

最低照度是当被摄景物的光亮度低到一定程度而使摄像枪输出的视频信号电平低到某一规定值时的景物光亮度值。测定此参数时，还应特别注明镜头的最大相对孔径。例如，使用 F1.2 的镜头，当被摄景物的光亮度值低到 0.04LUX 时，摄像机输出的视频信号幅值为最大幅值的 50%，即达到 350mV（标准视频信号最大幅值为 700mV），则称此摄像枪的最低照度为 0.04LUX/F1.2。被摄景物的光亮度值再低，摄像枪输出的视频信号幅值就达不到 350mV 了，反映在监视器的屏幕上，将是一屏很难分辨出层次的、灰暗的图像。最低照度依据测定照度指标时使用标准的不同而不同。

普通型：正常工作所需照度 1 ～ 3LUX；

月光型：正常工作所需照度 0.1LUX 左右；

星光型：正常工作所需照度 0.01LUX 以下；

红外型：采用红外灯照明，在没有光线的情况下也可以成像。

（4）摄像机的信噪比

信噪比指摄像机的图像信号与它的噪声信号之比，用分贝（dB）表示。信噪比也是摄像枪的一个主要参数。当摄像枪摄取较亮场景时，监视器显示的画面通常比较明快，观察者不易看出画面中的干扰噪点；而当摄像机摄取较暗的场景时，监视器显示的画面就比较昏暗，观察者此时很容易看到画面中雪花状的干扰噪点。干扰噪点的强弱（也即干扰噪点对画面的影响程度）与摄像枪信噪比指标的好坏有直接关系，即摄像枪的信噪比越高，干扰噪点对画面的影响就越小。

信噪比越高越好，典型值为 46dB。若为 50dB，则图像有少量噪声，但图像质量良好；若为 60dB，则图像质量优良，不出现噪声。

（5）摄像机的视频输出

一般用输出信号电压的峰 - 峰值表示，多为 1 ～ 1.2V 峰 - 峰值负极性输出，且为 75Ω 复合视频信号，采用 BNC 接头。

（6）摄像机的白平衡

由于彩色摄像机能够输出含有"彩色信息"的视频信号，因此，当用彩色摄像机摄取白色景物时，应使其输出的视频信号中所含有的"彩色信息"，恰好能使监视器屏幕上重现的影物颜色为纯白色，在理想情况下，CCD 摄像机其红、绿、蓝三条光路得到的光能量是相等的，所以摄像机输出的红、绿、蓝信号电压也是相等的，它使标准彩色监视器重现出纯白色的被摄景物。

3. 各种类型摄像机适宜的应用场合

摄像机按外形划分主要有：枪式摄像机、针孔型摄像机、半球型摄像机。要正确选用摄像机，必须了解该摄像机的安装场合，确定安装型式。

表4-1列举了一些摄像机类型最适宜的应用场合，以供进行监控系统设计参考。

表4-1　一些摄像机最适宜的应用场合

	摄像机类型	应 用 场 合
1	半球摄像机	电梯、有吊顶光线变化不大的室内应用场合
2	一体化摄像机	最适合安装在室内监控动态范围较大的场合，也适合安装在室外监控范围中等的场合（如需监控室外60m半径以内的目标）
3	枪式摄像机	可安装在室内外任何场合，但不太适合监控或安装范围较小的场合
4	水下摄像机	适用于水下安装使用
5	昼夜型摄像机	适用于环境亮度变化较大场合，如室内外晚上灯光较弱，白天亮度正常的场合

（二）传输设备

通常指所有要传输的信号形成的传输系统的总和（电源传输、视频传输、控制传输等）。

在传输方式上，目前电视监控系统多半采用视频基带传输方式。如果在摄像机距离控制中心较远的情况下，也有采用射频传输方式或光纤传输方式。特殊情况下还可采用无线或微波传输。

（1）传输设备应确保传输带宽、载噪比和传输时延满足系统整体指标的要求，接口应适应前后端设备的连接要求。

（2）传输设备应有自身的安全防护措施，并宜具有防拆报警功能；对于需要保密传输的信号，设备应支持加/解密功能。

（3）传输设备应设置于易于检修和保护的区域，并宜靠近前/后端的视频设备。

（三）硬盘录像机

硬盘录像机以计算机硬盘为存储载体，可录制、回放视（音）频信号的设备。分为PC型和单机型（嵌入式）两种。

PC型硬盘录像机实质上就是一部专用工业计算机，利用专门的软件和硬件集视频捕捉、数据处理及记录、自动警报于一身。操作系统一般采用WINDOWS系列。目前硬盘录像机一般可同时记录多路视频。其优点是控制功能和网络功能较为完善；不足之处是其操作系统基于WINDOWS运行，不能长时间连续工作，必须隔时重启，且维护较为困难。

单机型（嵌入式）硬盘录像机外形看来更像一部家用录像机，操作采用面板上的按键控制，不再采用鼠标和键盘。操作系统采用自行研发的操作系统。优点是操作简便，能长时间连续工作，可靠性高；不足之处是其控制功能和网络功能较不完备、升级不方便。

（四）矩阵控制系统

矩阵主机最基本功能就是把任何一个通道的图像显示在任何一个监视器上，且相互不影响。通过视频矩阵和电视墙的配合，操作人员可以在电视墙或者任何一个分控点看到任意一个摄像机的图像。

目前安防中使用的矩阵较多为模拟视频矩阵，其主要用来对模拟视频信号进行切换和分配，一般情况下由视频矩阵主机和配套的一个或者多个控制键盘组成，矩阵主机内含音视频输入模块、音视频输出模块、中心控制模块、报警模块、电源模块等；控制键盘由按键、显示、摇杆、权限控制锁等构成。

随着技术的进步和安防产品的数字化进程，数字矩阵主机将是未来的发展趋势。

（五）监视器

监视器用于显示摄像机所观测之图像。可分为黑白及彩色两种，搭配 CAMERA 使用时，黑白有 EIA（美规）与 CCIR（欧规），彩色则有 NTSC（美规）与 PAL（欧规）。

二、基本要求

（1）视频监控系统应采用目前主流的数字视频监控技术，充分考虑扩展性和开放性，支持以太网高速数字传输功能和基于 Web 的视频信息浏览。

（2）主要设备器材应选择专业化制造厂商的高品质产品。前端摄像机宜选用高分辨型（480 线以上）彩色 CCD 摄像机，主控设备宜采用集视频信号切换、画面分割、前端设备控制、视频信号压缩与储存于一体的数字硬盘录像机。

（3）摄像机选择应考虑白天和晚上的光线问题，宜配照明设备，确保图像清晰。

（4）室外或照明条件不佳的地点摄像机应有夜视功能。

（5）应采取雷电防护措施。

（6）视频信号传输线路宜利用自控系统光纤主干网。

（7）宜同时配置主动式红外探测装置，与入侵报警系统联动或组合。根据实际需要，还可以与电子巡查系统、出入口控制系统等进行联动或组合。

三、常见故障问题及解决办法

（1）云台的故障。一个云台在使用后不久就运转不灵或根本不能转动，是云台常见故障。这种情况的出现除去产品质量的因素外，一般是以下各种原因造成的：

① 只允许将摄像机正装的云台，在使用时采用了吊装的方式。在这种情况下，吊装方式导致了云台运转负荷加大，故使用不久就会导致云台的传动机构损坏，甚至烧毁电机。

② 摄像机及其防护罩等总重量超过云台的承重。特别是室外使用的云台，往往防护罩的重量过大，常会出现云台转不动（特别是垂直方向转不动）的问题。

③ 室外云台因环境温度过高、过低、防水、防冻措施不良而出现故障甚至损坏。

（2）距离过远时，操作键盘无法通过解码器对摄像机（包括镜头）和云台进行遥控。这主要是因为距离过远时，控制信号衰减太大，解码器接收到的控制信号太弱引起的。这时应该在一定的距离上加装中继盒以放大整形控制信号。

（3）监视器的图像对比度太小，图像淡。这种现象如不是控制主机及监视器本身的问题，就是传输距离过远或视频传输线衰减太大。在这种情况下，应加入线路放大和补偿的装置。

（4）图像清晰度不高、细节部分丢失，严重时会出现彩色信号丢失或色饱和度过小。这是由于图像信号的高频端损失过大，3MHz 以上频率的信号基本丢失造成的。这种情况或因传输距离过远，而中间又无放大补偿装置；或因视频传输电缆分布电容过大；或因传输环节中在传输线的芯线与屏蔽线间出现了集中分布的等效电容造成的。

（5）色调失真。这是在远距离的视频基带传输方式下容易出现的故障现象。主要原因是由传输线引起的信号高频段相移过大而造成的。这种情况应加相位补偿器。

（6）操作键盘失灵。这种现象在检查连线无问题时，基本上可确定为操作键盘"死机"造成的。键盘的操作使用说明上，一般都有解决"死机"的方法，例如"整机复位"等方式，可用此方法解决。如无法解决，就可能是键盘本身损坏了。

（7）主机对图像的切换不干净。这种故障现象的表现是在选择切换后的画面上，叠加有其他画面的干扰，或有其他图像的行同步信号的干扰。这是因为主机制矩阵切换开关质量不良，达不到图像之间隔离度的要求所造成的。如果采用的是射频传输系统，也可能是系统的干扰调制和相互调制过大而造成的。

第二节　入侵报警系统

入侵报警系统（Intruder Alarm System，IAS）利用传感器技术和电子信息技术探测并指示非法进入或试图非法进入设防区域（包括主观判断面临被劫持或遭抢劫或其他紧急情况时，故意触发紧急报警装置）的行为、处理报警信息、发出报警信息的电子系统或网络。入侵报警系统应能根据被防护对象的使用功能及安全防范管理的要求，对设防区域的非法入侵、盗窃和破坏等进行实时有效的探测与报警。

一、系统组成

入侵报警系统由前端设备（包括探测器和紧急报警装置）、传输设备、处理/控制/管理设备和显示/记录设备等四个部分构成。

根据防护要求和设防特点选择不同探测原理、不同技术性能的探测器。规则的外周界可选用主动式红外入侵探测器、遮挡式微波入侵探测器、振动入侵探测器、激光式探测器、光纤式周界探测器、振动电缆探测器、泄漏电缆探测器、电场感应式探测器、高压电子脉冲式探测器等。不规则的外周界可选用振动入侵探测器、室外用被动红外探测器、室外用双技术探测器、光纤式周界探测器、振动电缆探测器、泄漏电缆探测器、电场感应式探测器、高压电子脉冲式探测器等。无围墙/栏的外周界可选用主动式红外入侵探测器、遮挡式微波入侵探测器、激光式探测器、泄漏电缆探测器、电场感应式探测器、高压电子脉冲式探测器等。周界可选用室内用超声波多普勒探测器、被动红外探测器、振动入侵探测器、室内用被动式玻璃破碎探测器、声控振动双技术玻璃破碎探测器等。

以下着重介绍使用广泛的主动红外探测器。

主动红外探测器由红外发射机、红外接收机和报警控制器组成，分别置于收、发端的光学系统，一般采用的是光学透镜，起到将红外光束聚焦成较细的平行光束的作用，以使红外光的能量能够集中传送。红外光在人眼看不见的光谱范围，有人经过这条无形的封锁线，必然全部或部分遮挡红外光束。接收端输出的电信号的强度会因此产生变化，从而启动报警控制器发出报警信号。使用的红外线是波长在 $700\,\mathrm{nm} \sim 1000\,\mathrm{\mu m}$ 之间的电磁波（比红外波长长的是微波，比红外波长短的是可见光）。人眼是看不到红外线的，但特殊材料可以感应到，也可以成像。

影响主动红外入侵探测器质量的关键技术指标如下：

1. 白光过滤能力

所谓白光，泛指人眼可感应的各种自然光和人造光。对主动红外入侵探测器产生干扰的白光，主要有太阳光、雷光等自然光以及水银灯、车头灯等人工光。主动红外入侵探测器采用的光学过滤系统应该具有将白光最大限度过滤掉的作用。

2. 探测距离余量

国家标准规定在室外使用时，主动红外的探测距离余量至少为说明书上规定的探测距离的 6 倍以上，即在生产厂家规定 100m 的探测器，在良好测试条件下实际探测距离能力要达到 600m。这样的指标是为了保障在恶劣气候条件下，探测器能够正常工作。

3. 主动红外入侵探测器的光束数量与频率

当前市场上的主动红外入侵探测器按光束数量来分有单光束、双光束、三光束、四光束四种类型。按频率来分有固定频率（单频率）、可选频率（有限不同频率）和可调频率（相对无限不同频率）三种类型。主动红外入侵探测器在实际应用中产品漏报较少，误报较多，特别是使用时间长，产品的材料、电路系统、电子元器件出现老化，功能衰减时，误报尤为严重。光束数量主要解决误报问题。光束数量越多，越难被异物（树叶、小动物等）遮挡，就可有效地排除因遮挡而产生的误报。像单光束就比较容易产生误报。当然光束数量增多，成本会相应增加。这主要取决于用户对系统的要求程度。不同频率的主动红外对射可有效解决因系统中对射的红外光散射而造成对其他对射的干扰而造成漏报的现象。实际应用中，一般采用可选频率对射就可解决问题。

4. 使用温度

主动红外入侵探测器通常在户外使用。使用环境的温度变化很大。优良的对射设计的使用温度范围一般在 -35 ~ 55℃ 之间，太低温与太高温度都会影响电子电路及部分元器件的正常工作。

5. 元器件、材料、电子电路的老化、衰减

主动红外入侵探测器通常应用在户外，受风、雨、雷、电、光线、温度、酸碱等诸多因素的影响，优良的对射产品如果合理使用，定期保养维护，通常的使用寿命可达 5 ~ 7 年。产品的材质，例如：外壳材料、发光束、镜片、电子元件等在恶劣环境下长期使用，功能会有不同程度的衰减，寿命也受影响，从而影响到整个产品以及整个防盗系统的寿命。国家在对产品进行 3C 认证时，对关键元器件都有专门的认定与要求。

二、基本要求

（1）周界防护系统设计应布设在防护区周界或禁区周界，周界报警探测器形成的警戒线宜连续无间断，周界出入口除外。

（2）当报警发生时，安防监控中心应能显示周界模拟地形图，并以声、光信号显示报警的具体位置，可进行局部放大图像。

（3）报警系统应具有防破坏功能。

（4）报警系统各子系统可按时间、区域、部位灵活编程设防或撤防。

（5）周界报警装置应 24h 处于设防状态，特殊情况撤防时间应不超过 2h。

（6）在设防状态下，当探测到有入侵发生时，入侵探测装置应发出报警信息。安防监控中心监控设备上应正确指示报警发生的区域，并发出声、光报警；当多路探测器同时

报警（含紧急报警装置报警）时，报警控制设备应依次显示出报警发生的区域或地址。

（7）在具有图像复核功能的区域发生报警时，安防监控中心在发出声光报警的同时，相应监控图像应切换至显示设备上进行同步自动图像复核，通过视频监控系统应能自动对所有复核图像进行记录。

（8）系统应设置备用电源，当主电源断电时，系统应自动转换为备用电源供电；主电源恢复时，应能自动转换为主电源供电。在电源转换过程中，系统应能正常工作，无漏、误报警发生。在主电源断电时，备用电源容量应保证对报警设备供电不少于8h。

（9）入侵报警系统宜安装告警器，并具有复位功能。

三、常见故障问题及解决办法

报警系统产生误报警的原因多种多样，有的是设备自身的质量问题，有的是操作人员的操作问题，有的是自然环境的影响，总结一下大概有以下几种：

（1）设备质量问题引起的设备故障，通常是由元器件的损坏或生产工艺不良（如虚焊等）造成，也有可能是由于环境温度、元件制造工艺、设备制造工艺、使用时间、储存时间及电源负载等因素的变化而导致元器件参数的变化所产生的故障。

（2）系统设计时设备选型不当引起的误报警，例如靠近震源（飞机场、铁路旁）选用震动探测器就容易引起系统的误报警；在蝙蝠经常出没的地方选用超声波探测器也会使系统误报警，这是因为蝙蝠发出超声波的缘故；电铃声、金属撞击声等高频声均可引起玻璃破碎探测器的误报警，等。

（3）探测设备的安装位置、安装角度不合适所引起的误报警，例如将被动红外入侵探测器对着空调、换气扇安装时就会引起系统误报警。

（4）由于环境骚扰引起的误报警，例如热气流引起被动红外入侵探测器的误报警、高频声响引起玻璃破碎探测器的误报警、小动物闯入引起的入侵报警等。

针对以上产生误报警的原因，一般可从以下几点考虑消除故障：

（1）用替换法排除设备自身故障，如果是设备故障，则维修或更换设备解决，若排除设备自身故障，则继续查找原因。

（2）由于设备选型不当引起的误报警，可在确认原因后考虑用其他方式的探测器代替现有探测器。

（3）探测器安装位置及角度引起的误报警根据现场情况调整探测器位置及角度。

（4）环境骚扰引起的误报警一般考虑更换双鉴或三鉴探测器（几种不同原理的探测器同时探测到"目标"，报警器才发出报警信号的探测器）来消除误报警，例如微波－被动红外双鉴探测器、声控－振动玻璃破碎双鉴探测器、超声波－被动红外双鉴探测器等。

第二篇 水质监测仪表及水厂常用测量仪表

第五章 仪表与计量基础知识

第一节 仪表的分类与组成

一、仪表的分类

仪表是多种科学技术的综合产物，品种繁多，使用广泛，而且不断更新。从宏观上可分为两大类：过程测控仪表和实验室分析测试仪器。前者指需要固定安装在现场的仪表；后者指大型精密分析测试仪器、实验室台式仪表及便携式仪表。本教材主要介绍过程测控仪表，过程测控仪表如按被测量来划分，主要有如表5-1的分类。

表5-1 过程测控仪表分类

分类		示例
电量	电参量	电流、电荷、电压（电动势、静电电位）电功率、频率、相位等
	电路参量	电阻、电感、电容、品质因数、增益等
非电量	热工量	温度、热量、比热容、热分布；压力、压差、真空度；流量、流速、风速；物位、液位、界面
	机械量	尺寸（长度、厚度、角度）、位移、形状力、应力、力矩；重量、质量；转速、线速度；加速度、振动
	物性和成分量	酸碱度、盐度、浓度、黏度、密度、粒度、浊度、纯度、离子浓度、湿度、水分等
	状态量	颜色、透明度、磨损量、裂纹、缺陷、泄漏、表面质量（表面粗糙度、白度等）
	磁学量	磁通、磁密、磁场强度、磁导率等
	声学量	声压、声波、噪声、声阻抗等
	光学量	照度、光强、光通量、亮度等
	射线	辐射能、吸收剂量、剂量当量、照射量等
	生理医学	心血管参数、呼吸道参数、血液参数、神经系统参数

二、仪表的组成

过程测控仪表通常称为在线分析仪表。本教材以在线分析仪表举例说明，一台完整的在线分析仪表一般由以下几个部分组成，如图5-1所示。

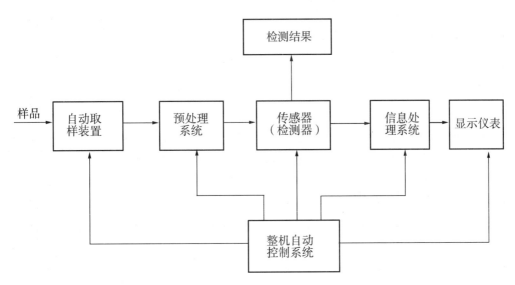

图 5 - 1 在线分析仪表的基本构成

1. 自动取样装置

自动取样装置的作用是定时、定量地从被测对象中取出具有代表性的待分析样品，送至预处理系统。

2. 预处理系统

预处理系统的作用是对从生产过程中取出的待分析样品加以处理，如稳压、升温、稳流、除尘、除水、清除样品中的干扰组分及对仪表有害的物质等。

3. 传感器（或称检测器）

传感器的作用是将被分析物质的成分含量或物理性质转换成电信号，不同的分析仪表具有不同形式的传感器。传感器是分析仪器的核心部分，仪表的技术性能在很大程度上取决于传感器的性能。

4. 信息处理系统

信息处理系统的作用是对传感器输出的微弱信号进行放大、对数转换、模/数转换、数学运算、线性补偿等处理，给出便于显示仪表显示的电信号。

5. 显示仪表

显示仪表以指针位移量、数字量或屏幕图文等方式显示分析所获得的结果。

6. 整机自动控制系统

整机自动控制系统的作用是控制仪表各部分自动而协调地工作，如周期地进行自动调零、校准、采样分析、显示等循环过程，以及消除或降低客观条件对测量的影响。

第二节 仪表的主要性能与技术指标

一、仪表的性能和性能特性

仪表性能，是指仪表达到预定功能的程度，仪表性能特性是指为确定仪表的性能而规定的某些参数及其定量的表述。例如，稳定性属于仪表的一种性能，而衡量稳定性的主要参数是零点漂移和量程漂移。换句话说，稳定性通常用零点漂移和量程漂移来表示。

仪表的性能主要从技术、经济和使用这三个层面考虑：

（1）技术层面，如测量范围（含量程、跨度）、准确度、灵敏度、重复性、稳定性、可靠性、检测限、线性范围、响应时间及分析滞后时间等。

（2）经济层面，如功耗、价格、使用寿命等。

（3）使用层面，如人－机界面、环境（温度、湿度、气压、振动、冲击、电磁干扰等）适应性、免维护性、安生防护性能、智能化程度等。

二、仪表的技术指标

性能特性的定量表述往往用某个量值、允许误差、测量范围来描述，这就是通常所说的技术指标。就算不同类型的仪表都有共同的性能特性，是同一类仪表进行比较的重要依据，也是评价仪表基本性能的重要参数。这类性能特性主要有准确度、灵敏度、重复性、稳定性、可靠性、检测限、线性范围、响应时间及分析滞后时间等。

1. 准确度

仪表的准确度，是指仪表测量值接近真值的准确程度，也就是仪表输出的测量结果接近于被测量真值的能力。由于各种测量误差的存在，实际上真值是不可知的，当然接近于真值的能力也是不确定的。但仪表的准确度是表征仪表的品质和特性的最重要性能，为此虽然仪表的准确度是一种定性的概念，但在实际应用上人们还是希望以定量的概念来进行表述，以具体确定仪表的示值接近于真值的能力的大小。在实际应用中，常用准确度等级或测量误差来表述仪表的准确度。

2. 灵敏度

灵敏度是指被测物质的含量或浓度改变一个单位时分析信号的变化量，表示仪表对被测定量变化的反应能力。也可以说，灵敏度是指仪表的输出信号变化与被测量浓度变化之比，这一数值越大，表示仪表越敏感，即被测物质浓度有微小变化时，仪表就能产生足够的响应信号。

3. 重复性

重复性又称重复性误差，重复性误差是指用相同的方法、相同的试样，在相同的条件下测得的一系列结果之间的偏差。相同的条件是指同一操作者、同一仪器、同一实验室和短暂的时间间隔。

4. 稳定性

稳定性是指在规定的工作条件下，输入保持不变，在规定时间内仪器示值保持不变的能力。仪表的稳定性可用漂移来表征。漂移是指分析信号朝某个一定的方向缓慢变化的现象。漂移包括零点漂移和量程漂移。漂移表示了系统误差的影响。

5. 可靠性

可靠性是指仪表的所有性能（准确度、稳定性等）随时间保持不变的能力，也可以解释为仪表长期稳定运行的能力，平均无故障运行时间 MTBF 是衡量仪表可靠性的一项重要指标。

6. 检测限

检测限又称检出限，新国标中称为最小可检测变化，是指能产生一个确证在样品中存在被测物质的分析信号所需要的该物质的最小含量或最小浓度，是表征和评价分析仪器检测能力的一个基本指标。在测量误差遵从正态分布的条件下，指能用该仪表可以检出被测物质的最小含量或最小浓度。

7. 线性范围

线性范围是指校准曲线所跨越的最大线性区间，用来表示对被测物质含量或浓度的适用性。仪器的线性范围越宽越好。

8. 响应时间及分析滞后时间

响应时间表示仪表测量速度的快慢。通常定义为从被测量发生阶跃变化的瞬时起，到仪器的指示达到两个稳态值之差的 90% 处所经过的时间。这一时间称为 90% 响应时间，用 T_{90} 标注。

上面的定义是针对仪表而言，如果对于一个由取样、样品传输和预处理环节及分析仪器组成的在线分析系统来说，则往往用分析滞后时间来衡量测量速度的快慢。分析滞后时间等于"样品传输滞后时间"和"分析仪表响应时间"之和，即样品从工艺设备取出到得到分析结果这段时间。样品传输滞后时间包括取样、传输和预处理环节所需时间。

第三节　测量误差及误差分析

仪器的准确度用测量误差来表示，测量误差的表示方法有多种，目前分析仪器中常用绝对误差、相对误差、引用误差、基本误差或以它们的组合形式来表示仪器的最大允许误差等。

1. 绝对误差

$$绝对误差 = 测量结果 - （约定）真值$$

2. 相对误差

$$相对误差 = \frac{绝对误差}{（约定）真值}$$

3. 引用误差

引用误差，又称基准误差，是相对误差的一种特殊形式，在日常使用中常用 ±%FS 或 ±%R 表示。

（1）FS 是英文 full scale 的缩写，±%FS 表示仪表满量程相对误差。

$$仪表满量程相对误差 = \frac{绝对误差}{测量上限 - 测量下限} \times 100\%$$

（2）R 是英文 reading 的缩写，±%R 表示仪表示值相对误差。

$$仪表示值相对误差 = \frac{绝对误差}{仪表示值} \times 100\%$$

4. 基本误差

基本误差，国标中称为固有误差，它是指测量仪器在参考条件下所确定的仪器本身所具有的误差。其主要来源于测量仪器自身的缺陷，如仪器的结构、原理、使用、安装、测量方法及其测量标准传递等造成的误差。所谓参考工作条件，是指仪器的标准工作条件，所以这种误差能够更准确地反映仪器所固有的性能，便于在相同条件下对同类仪器进行比较和校准。

5．影响误差

影响误差是指当一个影响量在其额定工作范围内取任一值，而其他全部影响量处在参比工作条件时测定的误差。例如环境温度影响误差、电源电压波动影响误差等。国标中将影响误差称为偏差。

6．干扰误差

干扰误差是指由存在于样品中的干扰组分所引起的误差。这是针对分析仪器提出的一个性能特性。

上述几种误差的关系是：基本误差是表征仪器准确度的基本指标，产品样本和说明书中的绝对误差、相对误差、引用误差均应理解为基本误差，而影响误差、干扰误差只有在必要时才列出。

由于基本误差不但与各种影响量有关，还与影响特性有关，是一个受多种因素影响的综合性指标，也是一个较难确切加以表述的性能指标，所以，有的产品样本和说明书中无此指标，而是用各种误差指标从不同的角度来描述仪器的准确度。

第四节　仪表的检定与校准

仪表在日常使用中，由于多种原因可能会导致计量性能的改变，所以在长期使用、特别在维修或调试后需要进行检定或校准。检定和校准都是"传递量值"或"量值溯源"的一种方式，为仪器的正确使用建立准确、一致的基础。检定是定期的，是对仪器计量性能较全面的评价。校准是日常进行的，是对仪器主要性能的检查，以保证示值的准确。检定与校准两者互为补充，不能相互替代。

一、检定

检定是为评定计量器具的计量性能，并确定其是否符合法定要求的程序所进行的全部工作，它包括检查、加标记和出具检定证书。

（1）检定按性质可分为：出厂检定、抽样检定、首次检定、周期检定、临时检定及仲裁检定等几种。

① 出厂检定：计量器具生产厂生产出计量器具，应对其计量性能进行确认，合格的计量器具才准出厂。

② 抽样检定：指批量生产的计量器具按一定比例抽取，对其计量性能进行确认，如合格率未能达到规定比例，则加倍抽样检定，仍达不到规定比例的合格率，则应视该批计量器具为不合格。

③ 首次检定：新购计量器具在领用后进行的第一次检定，称为首次检定。亦将作为周期检定的第一次检定。

④ 周期检定：根据计量器具的结构、性能、使用频度等制定出两次检定工作的间隔期，称为检定周期。按照检定周期进行的检定称为周期检定。

⑤ 临时检定：政府计量行政部门或企业主管部门对企业计量工作实施监督检查时，对随机抽取的计量性能进行确认的检定。

⑥ 仲裁检定：指在发生计量争议或纠纷时，进行以仲裁为目的的检定。

（2）检定按管理形式可分为：强制检定和非强制检定。

① 强制检定：县级以上人民政府计量行政部门对社会公用计量标准器具、部门和企业、事业单位使用的最高计量标准器具，以及用于贸易结算、安全防护、医疗卫生、环境监测等方面的列入强制检定目录的工作计量器具，实行定点、定期的检定。

② 非强制检定：使用单位自行依法对使用的计量器具进行定期检定。

二、校准

校准是在规定工作条件下，为确定测量仪器或测量系统所指示的量值或实物量具或参考物资所代表的量值，与对应的由标准所复现的量值之间的关系的一组操作。通常所说的标定、校正和校准是同一含义。

三、校准与检定的异同

校准和检定是两个不同的概念，但两者之间有密切的联系。校准一般是用比被校计量器具精度高的计量器具（称为标准器具）与被校计量器具进行比较，以确定被校计量器具的示值误差，有时也包括部分计量性能，但往往进行校准的计量器具只需确定示值误差。校准可说是检定工作中的一部分，但校准不能视为检定，且校准对工作条件的要求亦不如检定那么严格。

第六章 在线水质监测仪表

基于制水生产工艺过程中使用的主要在线水质监测仪表，这里我们介绍的在线水质仪表主要为 pH 检测仪、浊度检测仪、余氯/总氯分析仪、溶解氧分析仪及氨氮分析仪等。

第一节 pH 检测仪

pH 检测仪又叫 pH 计或酸度计，是一种采用电位分析法的在线仪器。纯水的 $[H^+]$ $=10^{-7}mol/L$，所以 pH = 7，为中性。$[H^+] > 10^{-7}mol/L$ 时为酸性溶液，其 pH < 7；$[H^+] < 10^{-7}mol/L$ 时为碱性溶液，其 pH > 7。

一、仪器的构成和检测原理

pH 计由传感器和转换器两部分构成，信号电势用特殊的低噪声同轴屏蔽电缆传送。也有传感器和转换器一体化结构的 pH 计产品。传感器由测量电极和参比电极组成。转换器由电子部件组成，其作用是将传感器检测到的电势信号放大，处理后显示测量结果，并转换为标准信号输出。

在线 pH 计是采用电位分析法连续测量溶液 pH 值的仪器，电位分析法的基本原理是在被测溶液中插入两个不同的电极，其中一个电极的电位随溶液氢离子浓度的改变而变化，称为工作电极（又称测量电极）；另一个电极具有固定的电位，称为参比电极。这两个电极形成一个原电池，如图 6 - 1 所示，测定两电极间的电势就可知道被测溶液的 pH 值。由于该电势差值受被测溶液温度的影响，所以一般在线 pH 计还须安装一个温度检测

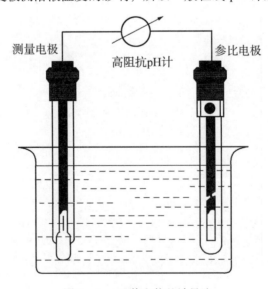

测量电极　　　高阻抗pH计　　　参比电极

图 6 - 1　pH 值电势差计量法

元件，以便对测量结果进行温度补偿。

二、仪器的日常维护

该仪器在运行过程中，因它在高阻抗的条件下工作，日常维护工作的好坏将直接影响它的正常使用，因此维护时必须注意以下几点：

（1）玻璃电极勿倒置，参比电极内不能有气泡，如有气泡必须拆下清洗。

（2）必须保持玻璃接线柱、引线连接部分等的清洁，不能沾污油腻，切勿受潮和用手去摸，以免污染电极引起检测误差。

（3）在安装和拆卸发送器时，必须注意玻璃电极球泡不要碰撞，防止损坏，同时不宜接触油性物质。应定时清洗玻璃泡，可用 0.1mol 的 KCl 溶液清洗，然后浸在蒸馏水中活化。

（4）电极的清洗。

在使用过程中通常会出现电极污染或表面结垢现象，其原因是被测溶液中的悬浮物、胶体、油污或其他沉淀物所致。电极受到污染或表面结垢后，会使灵敏度和测量精度降低，甚至失效。因此，应根据实际情况对电极进行人工清洗或自动清洗。

① 人工清洗电极的方法和注意事项如下：

（a）对于悬浮物、黏性物以及微生物引起的污染，用水浸湿的软性滤纸擦净玻璃电极球泡和盐桥，然后用蒸馏水清洗和浸泡。

（b）对于油污，可用中性洗涤剂或酒精浸湿的滤纸擦净玻璃电极球泡和盐桥，然后用蒸馏水清洗和浸泡。

（c）对于无机盐类沾污，可在 0.1mol/L 的盐酸溶液中浸泡几分钟，然后在蒸馏水中清洗。

（d）对于钙、镁化合物积垢，可用 EDTA（乙二胺四乙酸二钠盐）溶液溶解，然后在蒸馏水中清洗。

（e）清洗电极不可使用脱水性溶剂（如重铬酸钾洗液、无水乙醇、浓硫酸等），以防破坏玻璃电极的功能。

② 自动清洗。在一些工业场所或所测溶液不适宜人工对电极进行清洗维护的，可以采用各种自动清洗方法。常见的方法一般有：超声波清洗、机械刷洗、溶液喷射清洗及空气喷射清洗等。

三、仪器的故障处理

仪器的常见故障修理如下：

（1）仪表数值不稳时，应检查接地是否良好；检查高阻转换器是否工作稳定；检查各线端子是否接好等。

（2）当指示值超出量程范围不能读数时，应检查参比电极内的溶液是否流完，或玻璃电极内是否有气泡或测量回路是否开路等；检查电极接线有否脱落、断线；检查高阻转换器是否正常工作等。

（3）当指示值不准，但读数在量程范围内时，应检查电极是否有油污，若有时可用干净的药棉或滤纸轻轻地擦球泡部分，或者用 0.1mol 的稀盐酸清洗、擦干。另外可检查传感器部分的电极和电缆接线端子，以及仪器和电缆的接线端是否绝缘良好，可用低电压绝缘计进行检查，但检测时必须将电极断开，连接仪器的插头也要断开，如发现不好，用乙醚清洗，然后在100℃温度下烘干；若玻璃电极球泡已老化或有裂纹时，则应更换新的电极，新电极在使用前必须在蒸馏水中浸泡24h；检查发送器接线盒内是否漏水等。

四、仪器的校准

pH计的校准周期一般为3个月，校准方法及步骤如下。

1. 校准前的准备

（1）准备两个烧杯、蒸馏水、pH值为6.86（或7.01）和pH值为4（或9）的标准缓冲溶液以及0～100℃水银温度计。

（2）在一个烧杯中灌入足够的pH值为6.86（或7.01）标准缓冲溶液，在另一个烧杯中灌入足够的pH值为4（或9）标准缓冲溶液。根据广州地区的水体状况，我们一般采用pH值为9的标准缓冲溶液。

（3）从电极室中取出电极。

2. 零点校准

（1）将电极用蒸馏水洗净，用滤纸擦干后，浸入pH值为6.86（或7.01）的标准缓冲溶液中。

（2）当电极与溶液温度平衡且转换器指示稳定时测量溶液温度，并根据"标准缓冲溶液pH值－温度对照表"，查出该温度下溶液的pH值。

（3）调整仪表的调零（或不对称）电位器，使该仪表指示上述pH值。

3. 量程（或斜率）校准

（1）将电极从烧杯中取出，用蒸馏水洗净，用滤纸擦干后，浸入pH值为9（或4）的标准缓冲溶液中。

（2）当电极与溶液温度平衡且转换器指示稳定时测量溶液温度，并根据"对照表"查出该温度时溶液的pH值。

（3）调整仪表的量程（或斜率）电位器，使仪表指示上述pH值。

4. 重复校准

重复进行上述零点和量程校准步骤，直至仪表指示准确无误。

在溶液温度为25℃时，每变化1个pH，电极电位就改变59.16mV，这就是常说的电极的理论斜率系数，在校准时也可通过这个毫伏值来确定电极的工作状态。

第二节　浊度检测仪

一、浊度的表示方式和测量方法

1. 浊度的定义和表示方法

浊度是用以表示水的浑浊程度的单位。浊度是由于不溶性物质的存在而引起液体的透明度降低的一种量度。不溶性物质是指悬浮于水中的固体颗粒物（泥沙、腐殖质、浮游藻类等）和胶体颗粒物。

浊度的单位有许多表示方法，目前国内、国际上普遍使用的浊度单位是 NTU，也是光散射浊度单位。1NTU 称为 1 度（Unit），也有用 FTU（福马肼浊度单位）表示光散射浊度单位的，其含义和数值与 NTU 完全相同，即 1NTU ＝ 1FTU。

2. 浊度的测量方法

浊度的测量方法主要是指光学测量法，光学测量法有散射光法和透射光法两种。两种方法相比，散射光法能够获得较好的线性，灵敏度可以提高，色度影响也较小，这些优点在低浊度测量时更加明显。因此低、中浊度仪主要采用散射光法。透射光法则主要用于高浊度和固体悬浮物浓度测量中。

（1）散射光法。

测量散射光的强度。实验发现，在 90°角的方向，散射现象受颗粒物的形状和大小的影响最小。目前，国际、国内标准均规定散射式浊度仪采用 90°散射光。围绕着散射光法，针对不同的应用，开发出一些其他浊度测量方法，如表面散射光法、散射光和透射光比率法等，但这些测量方法都属于散射光法的延伸，本质上仍属于散射光法。

①表面散射法，测定照射到水样表面的散射光强度，多用于高浊度测量场合。

②散射光和透射光比率法，交替或同时测量散射光和透射光的强度，依其比值得出浊度，主要用于消除色度干扰。

（2）透射光法。测量透射光的强度，即透过被测水样的光强，主要用于固体悬浮物浓度计、污泥浓度计中。在污水处理工艺中，采用污泥浓度计测量活性污泥的浓度，用透射光法测出污泥的浑浊度后，在实验室中用烘干称重法测定其质量（固体悬浮物含量），然后对仪器进行相关校准，将浊度单位转变成质量浓度单位。

由于在供水行业的各环节水处理过程中，散射式浊度仪（低量程浊度仪）及表面散射式浊度仪（高量程浊度仪）得到广泛应用，所以在本节中主要论述这两种浊度仪，而透射光法仪器也开始在水厂滤池反冲洗过程或污泥处理系统中应用，因此也将固体悬浮物浓度计放在后面第六节其他在线分析仪中论述。

二、散射式浊度仪（低量程浊度仪）

1. 散射式浊度仪的测量原理

光源以平行光束投射到被测水样中，由于水中的悬浊物而产生散射，散射光的强度与悬浮颗粒的数量和体积成正比，借以测定其浊度。浊度仪的检测器位置如图 6 - 2 所示。

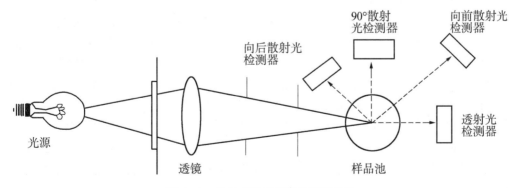

图 6 - 2　散射式浊度仪的检测器位置

图 6 - 3 所示为 1720E 系列在线浊度仪, 该仪器采用白炽灯光源, 2200 ～ 3000K 温标, 光源的照度强, 对检测微小颗粒更加有利, 适合净水的浊度检测。

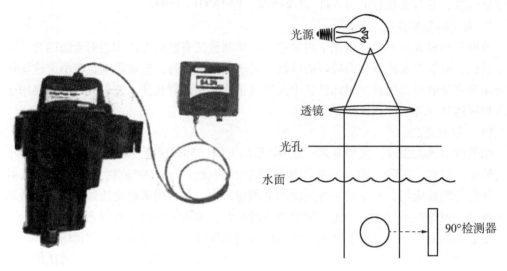

光源

透镜

光孔

水面

90°检测器

图 6 - 3　1720E 系列在线浊度仪及工作原理图

2. 仪器的日常维护及注意事项

浊度仪在日常使用中, 需注意以下几点要求:

(1) 必须除去水中的气泡。

(2) 防止水中悬浮颗粒物的沉积。

(3) 保证仪器有足够而平稳的连续水样, 水流速度保持在 3m/s 左右。

(4) 定期检查光源的亮度, 明显发黄或变暗应立即更换, 尤其是出厂水等重要监测点。

三、表面散射式浊度仪 (高量程浊度仪)

在高浑浊度情况下, 检测器在水面下容易被污染, 需要经常清洗, 采用表面散射式浊度仪可以有效解决这一问题。

1. 表面散射式浊度仪的测量原理

表面散射式浊度仪是通过测量照射到水样表面光束的散射光强度而求得水的浊度的。图 6 - 4 是表面散射式浊度仪的结构原理图, 用很窄的光束以很低的入射角度 (一般为 15°) 射到水样表面。光束的大部分被水面反射, 其余部分折射入试样, 反射和折射的两路光均被水箱的黑色侧壁所吸收, 只有被水面杂质微粒向上散射的光线有可能进入物镜。如果水样中有浑浊颗粒存在, 就会发生散射, 由位于水样表面上方的探测器检测出部分散射光。探测器可位于与入射光线成 90°的方位上, 也可位于与液面成 90°的方位上。

图 6 - 5 是 SS7 表面散射浊度仪工作原理示意图, 水样从中间的进样管流入, 在流通池的上端形成一个平整的水面, 溢流水从右边的排水管排出, 左边的排水管定期排泄流通池里面沉淀的泥沙。白炽灯作为光源, 很强的光束照射到水面上, 检测器与入射光的角度成 90°, 检测 90°的散射光, 得出水样浊度反射光和折射光线被黑色吸光的箱体所吸收。

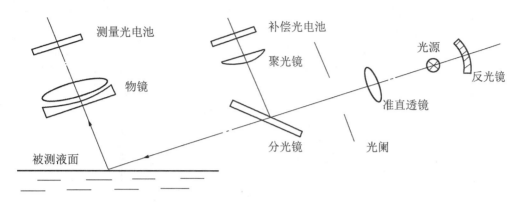

图 6-4　表面散射式浊度仪的结构原理图

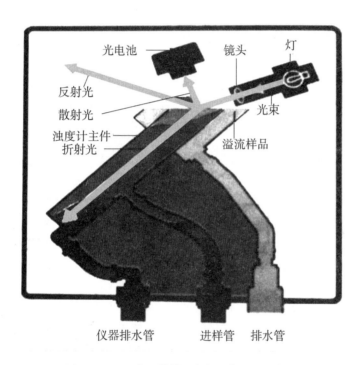

图 6-5　SS7 表面散射浊度仪工作原理示意图

光线直接作用于开口容器的液面上，不存在检测器的窗口积污和冷凝水汽对测量结果的干扰。另这种仪器由于光学系统与水样没有直接接触，减少了清洁维护量。

四、仪器的校准

浊度仪的校准有在线校准和离线校准两种方式，可根据仪表使用说明书的要求和现场实际情况确定采用哪种方式。

（1）在线校准。零点校准时，定义散射光为零，把光源关闭即可进行浊度仪的零点校准。如果自己制备标准液，必须把制备水中的浊度扣除掉。如果购买已经制备好的浊度标准液，只需要一点校准就可以了。

（2）根据浊度理论，0～40NTU 是线性的。在这个线性区段，推荐用 20NTU 的标准液校准浊度仪，即使浊度计测量的水在 0.5NTU 以下。

（3）用户自己配制低浊度标准液是不现实的，这样做的结果往往偏差很大。HACH 公司为了满足用户需要，专门生产 STABLCAL 浊度标准液，出厂前做过测定，可以提供 20NTU 和 4000NTU 标准液。20NTU 标准液每瓶 1L，这种标准液必须用完即弃，不能重复使用；4000NTU 标准液每瓶 0.5L，校准完毕后可使用回收器具重复使用。

（4）标准样品仅有一种，就是 Formazine，以及它的稀释液。其他的派生出来的参考标准物质，可以做二级参考标准液使用。

第三节　余氯/总氯分析仪

在线余氯分析仪有两种测量方式：一是电化学法（电极式），二是吸光度法（比色式）。这两种方式的测量仪器在供水行业都有应用，下面分别以哈希公司（HACH）CL17 型和 W&T 公司 D3plus 在线余氯/总氯分析仪为例进行说明。

一、仪器的检测原理

1. CL17 型在线余氯/总氯分析仪检测原理

CL17 型仪器采用 DPD 分光光度法检测水中余氯及总氯的含量，其中余氯（次氯酸和次氯酸根）的测量：被测水样中的余氯会将 DPD 指示剂氧化成紫红色化合物，显色的深浅与样品中余氯含量成正比。此时采用针对余氯测量的缓冲溶液，可维持反应在适当的 pH 值下进行。总氯（余氯与化合后的氯胺之和）的测量可通过在反应中投加碘化钾来确定，样品中的氯胺将碘化物氧化成碘，并与可利用的余氯共同将 DPD 指示剂氧化，氧化物在 pH 值为 5.1 时呈紫红色。此时采用含碘化钾的缓冲溶液可维持反应的 pH 值并提供反应所需的碘化钾。上述化学反应完成后，在 510nm 的波长照射下，测量样品的吸光率，再与未加任何试剂的样品的吸光度比较，由此可计算出样品中的氯浓度。

2. D3plus 在线余氯/总氯分析仪检测原理

电化学式余氯分析仪的传感器大多采用隔膜电解池。D3 的传感器包括一个由膜包裹的恒电势的 3 电极系统。银/碘化银参考电极和金测量电极装在膜盖内，膜内充满碘化钾电解液，不锈钢反向电极安装在膜盖外作为附加的稳定性。电极浸入电解液中，电极和电解液由隔膜与被测介质隔离，然而允许气体扩散穿过。隔膜的作用是防止电解液流失及被测液体中的污染物渗透进来引起中毒。测量时，电极之间加一个固定的极化电压，电极和电解液便构成了一个电解池。连续不断的电荷迁移产生电流，电流强度与氯浓度成正比，由此计算出样品中的氯浓度。

二、仪器的日常维护

D3plus 型余氯/总氯分析仪日常维护较简单，下面就以 CL17 型在线余氯/总氯分析仪为例说明仪器的日常维护工作。

（1）保持仪器外观清洁。

（2）按仪器说明书要求，保证仪器水样给排的连续性。水样过大、过小或有气泡和不连续现象，都会影响仪器的正常测量。仪器不能无水运行。

注意：一旦停水，应关闭电源，停机。待水样正常后再开机。

（3）用于监测待滤水后的仪器，每周清洗两次。

（4）用于监测待滤水前（含待滤水）的仪器，每周清洗三次。

注意：用不脱毛的软布或脱脂棉清洗。较长时间停水、停用仪器后重新开机要清洗取样室。

（5）及时到现场解决仪器出现的故障和读数异常现象，现场无法处理的问题及时知会技术部。

（6）每日选取一段余氯浓度比较稳定的水样，取水样时，一定要与在线仪器同时取样，记下在线仪器在取样后 $2\sim3min$ 之内的显示结果，以便与便携式余氯仪测得的余氯值对比。在确认便携式仪器本身测量准确的条件下，仔细检查在线仪器的水样是否正常，仪器检测室或电极是否洁净完好，经维护处理后再作比对，如相对误差还是超出允许范围，由具有校准员上岗证的人员严格按校准规范校准仪器。

注意：用便携式余氯仪测量时，调零和测量要用同一只试管。

（7）及时清理堵塞的导管，更换老化的导管。

（8）每月及时更换用完的指示剂和缓冲剂及其他试剂。

三、仪器的故障处理

1. CL17 余氯仪

（1）仪表读数一直显示零示数或非常低的浓度值。

原因：

A. 管道老化；

B. 蠕动泵后面的槽道堵塞；

C. 蠕动泵上的压力板松动；

D. 光电池、光源或滤光片损坏；

E. 氯浓度高于分析仪的最大测量值 5mg/L；

F. 氯使溶液的粉红色褪去，溶液变清，从而导致读数为零；

G. 指示剂瓶中没有加入 DPD 粉末。

解决方法：

a. 更换管道；

b. 重新安装槽道；

c. 重新压紧压力板或更换压力板；

d. 更换光源或滤光片；

e. 监测水样氯浓度是否过高导致仪器无法测出浓度；

f. 检查水样；

g. 重新更换药剂。

（2）样品从色度计中溢出。

原因：排液管路堵塞或排液管路出现气封；

解决方法：清洗排液管路或从排液管道中消除气封。

（3）马达故障。

原因：

A．工作电压不正常；

B．线路电压选择器开关设置不正确；

C．马达有问题。

解决方法：

a．确认线路电压在规定范围之内，电压不符应更换成要求电压；

b．检查线路电压选择开关位置；

c．更换马达。

（4）低信号报警。

原因：参比测量少于2000A/D计数，仪器报警显示LOWSIG。

解决方法：先清洗样品室，清洗后仍然出现报警就要更换新的样品室。

2．D3余氯仪

（1）仪表读数不稳定。

原因：

A．样水流量太低；

B．电解液污染或太少。

解决办法：

a．调整样水流量至要求范围；

b．更换或添加电解液。

（2）仪表读数为0。

原因：

A．电解液耗尽；

B．电极膜失效。

解决办法：

a．添加电解液；

b．更换电极膜。

（3）水样带有气泡影响测量结果。

原因：

A．O型圈漏气；

B．管路连接不正确。

解决方法：

a．更换O型圈；

b．按正确要求连接管路。

四、仪器的校准

目前，在线余氯/总氯分析仪的校准方式是采用经第三方检定机构检定的便携式余氯仪进行比对校准。

第四节　溶解氧分析仪

溶解在水中的分子态氧称为溶解氧（简称 DO），天然水中的溶解氧含量取决于水体与大气中氧的平衡。水中溶解氧的饱和含量与空气中氧的分压、大气压力、水温及水中含盐量等参数有密切关系。清洁地面水中溶解氧一般接近饱和，20℃清洁水中饱和溶解氧含量约为 9mg/L。水体受有机、无机还原物质污染时，会使溶解氧降低，溶解氧越少，表明污染程度越严重，当水中溶解氧低于 2mg/L 水体便产生臭味。

一、仪器的构成和检测原理

1. 仪器的构成

溶解氧分析仪是测定水中溶解氧含量的仪器，根据测量原理，有电化学式和光学式溶解氧仪两类。溶解氧分析仪由传感器（又称探头）和转换器（又称变送器）两部分组成。

2. 仪器的检测原理

（1）电化学式溶解氧仪的检测原理。电化学式溶解氧传感器的电极（一般采用隔膜电极）浸没在电解质溶液中，电极和电解质溶液装在有氧半透膜的小室内，分子氧透过隔膜扩散到电极表面上，发生电极反应。阴极发生氧的还原反应，阳极进行氧化反应，从而产生扩散电流。当电极参数一定时，在一定温度下，稳定后的扩散电流与水样中的溶解氧浓度成正比。

（2）光学式溶解氧仪的检测原理。荧光法溶解氧传感器的光学部件由两个发光二极管（分别发射红光和蓝光）和一个硅光电检测器组成。传感器帽表面有一层荧光涂层，该涂层会吸收蓝色发光二极管发出的蓝光的能量，从而发生原子能级跃迁至激发态，此激发态并不稳定，遇到氧以后会迅速释放出红色的光线并回复至原始状态。此红光与先前 LED 发射的蓝光存在一个相位滞后（时间滞后），光电检测器可以监测到蓝光和红光之间的相位滞后，根据这个相位滞后来计算水中溶解氧的含量。该相位滞后与发光体附近的溶解氧浓度成反比。

二、仪器的日常维护注意事项

目前，电化学式溶解氧仪得到广泛应用，所以此处以电化学式溶解氧仪为例，论述日常使用注意事项。

（1）一些气体和蒸气，如氯、二氧化硫、硫化氢、胺、氨、二氧化碳、溴和碘，能扩散通过隔膜，如水样中存在上述物质，会改变电解液的 pH 值，影响被测电流而产生干扰。

（2）水样中的溶剂、油类、硫化物、碳酸盐和藻类会引起隔膜阻塞，污染电解液和电极，所以需按仪器要求定期清洗电极表面。

（3）应保证被测水样有足够的流速，如流速过慢，隔膜附近电解液中的氢氧根离子可能还原成氧和水，而使仪器读数偏低。

（4）电化学式溶解氧传感器的电解液是消耗型的，仪器的灵敏度会随着电解液的不断消耗逐渐衰变，所以对传感器要经常进行校准。

三、电化学式和光学式溶解氧仪的差异

电化学传感器的精确性和可靠性都高，得到广泛认可。但电解液在反应中不断消耗，在使用中就要定期进行更换；传感器的膜也较为脆弱，膜的表面也要定期进行清洗和维护。在实际使用时存在较大的局限性，如水流和被测水体所含物质等。

相比较而言，光学式传感器的优点是无需消耗氧气，因而不受被测水体流速的影响，没有电解液，不需经常校准，维护工作量较小，但其价格普遍较高。

四、仪器的校准

1. 零点的校准

溶解氧电极清洗后，将电极置于零点校正液中，注意无氧水应装于合适电极放入的小口瓶中，减少测量中标液与空气的接触。

2. 满度的校准

（1）饱和空气校准法。将电极悬于潮湿的空气中，在相同温度时，空气中溶解氧电极的测量稍高于在饱和空气的水溶液中的测量（仪器可自动调节这一差别），设定仪器显示值为相应的百分比浓度（100%～108%）。

（2）饱和溶液校准法。溶解氧电极清洗后，将电极置于已配制的满度校正液中，根据饱和溶解氧浓度值设定仪器显示值。

第五节　氨氮分析仪

水体中对氨氮浓度的传统测量方法有分光光度法、氨气敏电极法和离子选择电极法，其中分光光度法按试剂不同分为纳氏试剂法和水杨酸法两种。由于分光光度法的测量仪器在广州应用较多，所以选用 ADI2004 型氨氮离子在线分析仪为例，通过纳氏试剂或水杨酸对水体氨氮浓度进行检测。本文重点讨论纳氏试剂比色法氨氮在线分析仪的情况。

一、仪器的检测原理

纳氏试剂法反应原理：碘化汞和碘化钾的碱性溶液与氨反映生成淡红棕色胶态化合物，其色度与氨氮含量成正比，通常可在波长 420nm 处测其吸光度，计算其含量。

水杨酸法反应原理：在亚硝基铁氰化钠存在下，氨氮在碱性溶液中与水杨酸盐－次氯酸盐生成蓝色化合物，其色度与氨氮含量成正比。

ADI2004 型氨氮离子在线分析仪（见图 6－6）检测步骤：

（1）同时打开取样泵和排液泵冲洗管路中的旧样品。

（2）通过取样泵取样到滴定杯，同时打开定量泵进行定量。

（3）打开蠕动泵 ADD1 加入缓冲溶液。

（4）第一次测量样品的吸光值 A_1。

（5）打开蠕动泵 ADD2 加入显色剂溶液。

（6）第二次测量溶液的吸光值 A_2。

（7）根据事先做好的标准曲线计算结果，输出 4～20mA 信号。

（8）排液（蠕动泵 – drain）并清洗（蠕动泵 – blank），反复 2～3 次。

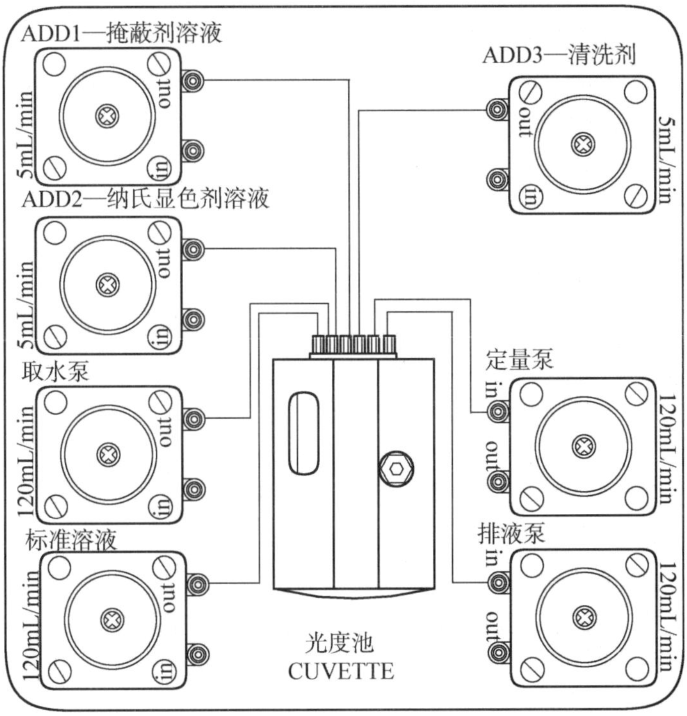

图 6 – 6　ADI2004 型氨氮离子在线分析仪功能性主体结构

二、仪器的日常维护

（1）检查仪器状态。检查仪器外观是否清洁，进样管与废液管是否插入排液槽中，试剂管是否插入试剂瓶中。

（2）检查仪器用试剂量是否充足，试剂是否过期（显色剂有效期三个月，碘液有效期 6 个月）。

（3）按仪器说明书要求，保证仪器水样给排的连续性。水样过大、过小或有气泡和不连续现象，都会影响仪器的正常测量。仪器不能无水运行。

注意：一旦停水，应关闭电源，停机。待水样正常后再开机。

（4）根据检测水样的浊度情况仪器每周清洗一次以上比色池。

注意：用脱脂棉清洗比色池，较长时间停水、停用仪器后重新开机时同样需要清洗比色池。

（5）及时到现场解决仪器出现的故障和读数异常现象，现场无法处理的问题及时知会技术部。

（6）每周比对一次在线氨氮仪检测数据和化验室检测数据，如相对误差超过仪器的允许误差，则需要检查仪器比色池是否洁净完好、试剂投加是否正常，经维护处理后再作比对。

（7）新装或经维修后的仪器需经校准后方可投入使用。

（8）仪器中的蠕动泵、取样管、比色池、光源等均为消耗品，所以为保证仪器良好的运行状态，需要定期更换蠕动泵等消耗品。

（9）仪器不宜在高温下长期运行，一般 20 ～ 40℃ 为宜。

（10）若遇到定期维修或其他特殊情况仪器需要关机时（一般建议长期开机），先终止运行程序，按"MAIN"键回到主菜单，然后关电源。

（11）由于废水样品中含有较多的颗粒物，为防止样品管堵塞，在浸入废水样的一端需套上一层过滤网。

三、仪器的故障处理

1. 面板读数为零

处理方法：

（1）先将仪表设为手动状态，检查抽药管道有无堵塞，如堵塞，必须更换药管或用细小硬物疏通药管。

（2）药管无堵塞的情况下，则检查当前空白吸光值是否过高，如空白吸光值高于100，必须对测量室进行清洗，清洗后再对测量室校正。

（3）进行以上两步处理，运行后面板读书仍然为零的话，将当前水样给化验室检验，如数值不为零的话，必须重新校正当前在线氨氮仪的工作曲线。

2. 蠕动泵不动

处理方法：

（1）先将仪表设为手动状态。

（2）检查急停按钮有无复位，按钮复位后，再手动试运行蠕动泵，仍然不动的话，需更换蠕动泵。

3. 蠕动泵漏水

处理方法：

（1）检查对应蠕动泵的药管是否堵塞，如堵塞，更换之。

（2）若检查蠕动泵的药管无堵塞，则需查看蠕动泵运行情况。

4. 输出数据异常

处理方法：

（1）查看有否设定固定的输出值，如无，则检查数据输出上限与 UTILITY – MAP 所设的上限一致。

（2）以上都没有问题的话，要检测 4 ～ 20mA 是否输出正常。

四、仪器的校准

根据日常检测范围，配备相应浓度的氨氮标准溶液，将标准液输送到仪器进行检测，以确认仪器的测量误差。如不符合误差要求，需要重新标定仪器的工作曲线。分析仪本身已内置了一条校正曲线，对大部分仪器该校正曲线可以满足 5% 的误差，如果需要重新校正，可按如下程序操作：

准备几个覆盖整个测量范围（量程）的标准溶液，建议至少使用 3 个浓度点进行校正，以保证在校正曲线为非线性时仍能获得较好的结果，除了空白，还要求 2 个标准溶液。如果使用 5 个平均分布的浓度（如满量程的 0、25%、50%、75% 和 100%）可以得到更好的结果。

校正之前，建议用空白溶液将透光率调到 100%，方法如下：在测量池中加入 10mL 左右的去离子水，选择菜单中的校正（Main—Manual—Input—Calib），按 EXEC。校正过程中会显示实际的吸光值，得到一个稳定的信号时，就可以计算并显示出斜率。

在 Utility 菜单（Main—Utility—Const）中，将样品体积（Sample Volume）设为 1，试剂体积（Reagent Volume）设为 0，如果这些常数都已经有了，按 F2（下一个）和 F1（上一个）来选择需要编辑的常数，按 F5（EDIT，编辑）以修改数值（使用数字键盘输入新的数值），并按 ENTER 确认，如图 6 - 7 所示。

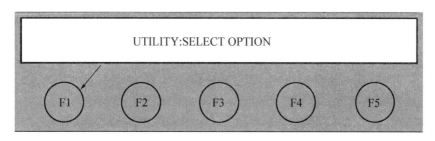

图 6 - 7　ADI2004 型氨氮离子在线分析仪显示/控制界面

现在将每个标准溶液当作样品分析，得到的吸光值（第二次的吸光值减去第一次的吸光值）可在 Utility 菜单中查到（Main—Utility—Resutsl—History）。用 EXCEL 或曲线拟合程序将几个吸光值与对应的浓度值拟合成一条最佳的校正曲线，校正方程的相关数值储存在校正数据中（Main—Utility—Calib）。（注：校正方程的斜率乘以真实的总体积【 = 样品体积 + 试剂体积】再除以样品体积，得到的数值即为 C 值）

最后将样品体积（Sample Volume）和试剂体积（Reagent Volume）改回原来的设置即可。

五、试剂的配置（纳氏试剂法）

1. ADD1（缓冲溶液）

将约 500g 酒石酸钾钠溶于 600mL 去离子水中，用去离子水定容至 1L。

2. ADD2（纳氏试剂）

配方（二选一）：

（1）称取 60g 氢氧化钾，溶于约 250mL 无氨水中，冷却至室温。另外称取 20g 碘化钾溶于 100mL 无氨水中，边搅拌边逐步加入二氯化汞结晶粉末（约 10g），至出现朱红色沉淀不易溶解时，改为滴加饱和二氯化汞溶液，保持搅拌，到出现少量朱红色沉淀不易溶解时，停止滴加饱和二氯化汞溶液。然后把该溶液缓慢注入上述已冷却的氢氧化钾溶液中，边注入边充分搅拌，并用无氨水稀释至 400mL，然后静置过夜。最后将该溶液的上清液转移至聚乙烯塑料瓶中，常温避光保存。

（2）称取 16g 氢氧化钠，溶于 50mL 无氨水中，充分冷却至室温，另称取 10g 碘化汞和 7g 碘化钾溶于水，然后将该溶液在充分搅拌的条件下缓慢注入上述的氢氧化钠溶液中，并用氨水稀释至 100mL，贮于聚乙烯塑料瓶中，常温避光保存。

第六节　其他在线分析仪

一、电导率仪

电导率仪是基于电解质在溶液中离解成正负离子，溶液的导电能力与离子有效浓度成正比的原理工作的，通过测量溶液的导电能力间接得知溶液的浓度。当它用来测量如海水等含盐量高的溶液时，常称为盐度计。当它用来测量酸、碱等溶液的浓度时，又称为酸碱浓度计。

1. 仪器的构成和检测原理

电导率仪按其结构可分为电极式和电磁感应式两大类。供水行业主要采用电磁感应式的电导率仪的，电磁感应式电导率仪又称为电磁浓度计，其感应线圈用耐腐蚀材料与待检水样隔开，为非接触式仪表。

电磁感应式的电导率仪是利用电磁感应原理测量溶液电导率的仪表，是基于导电液体流过两个环形感应线圈时产生电磁耦合现象工作的。测量两个环形感应线圈得出的电压都与被测液体的电导率成正比，通过电压差的计算得到电导率的读数。

2. 仪器的特点

（1）无电极，因而维护量较少。

（2）感应线圈不与被测介质接触，不会被污染，也不会污染被测介质，特别适用于污水、造纸、医药、食品等行业。

（3）感应线圈包覆材料为耐腐蚀塑料，可用于强酸、强碱等高电导率的腐蚀性介质的浓度测量。

（4）耐温、耐压，特别适用于食品、医药行业要求高温消毒的场合和其他高温、高压场合。

3. 仪器的校准

根据 GB/T 11007—2008《电导率仪试验方法》和 JB/T 6855—1993《工业电导轨率仪》标准，电导率仪基本误差的测试分两步进行：

（1）先用电阻箱对电子单元（转换器）进行测试，求出电子单元的基本误差。

（2）再用标准溶液对整台仪器进行测试，得到整台仪器的基本误差。

二、固体悬浮物浓度计

1. 固体悬浮物的定义

固体悬浮物是指废水中在 100℃ 时不能蒸发的所有物质，称为总固体。用特制的微孔滤膜（孔径 0.45μm）来过滤，能透过的为溶解性固体，被膜截留的为悬浮性固体。固体悬浮物浓度是一个重要的参数，环保标准都把它列入监测项目中。废水中固体悬浮物的多少用单位体积的水中所含悬浮颗粒的质量来表示，单位为 mg/L。

在线固体悬浮物浓度计用于测量市政污水、工业废水处理过程中悬浮固体的质量浓度，评估生物处理过程中不同阶段活性污泥的浓度，分析净化处理后排放废水中悬浮固体的含量。

2. 仪器的构成和检测原理

固体悬浮物浓度采用光学透射法测量。它由控制器和悬浮固体测量探头组成，探头一般带有自清洗功能。

在线固体悬浮物浓度计的检测基本原理是：采用四光束测量技术，利用两个发射器和两个检测器，产生一系列光路，得到一个数据矩阵，然后通过这些信号的比较，得出介质中悬浮固体的准确浓度。这种技术能有效消除干扰，补偿因污染产生的偏差，可在较恶劣的测量环境中工作。

3. 仪器的校准

对于悬浮固体的测定，目前尚没有一个公认的标准方法。不同的仪器生产厂商采用不同的检测标准，如哈希公司的传感器出厂时采用硫酸铜百分比法进行悬浮度校准，但该法也是非标准方法。

三、在线生物毒性监测仪

1. 生物毒性技术的概述

随着近代工业的发展，化学物质的使用日益增多，使人类赖以生存的水生生态系统受到了越来越严重的污染，而且突发性环境污染事故时有发生，如人为投毒、自然灾害引起的水质突变，尤其是石油化工原料、产成品及有毒有害危险品的生产、储存和运输过程中发生的事故对环境水体所造成的污染等。这就要求我们要快速地应对各种突发性环境污染事故，尽量减少各种经济损失或社会影响。几十年来，各种理化分析手段的灵敏度越来越高，大多数检测仪器都是关注单一污染物对生物体和生态系统的毒性效应，但是，环境中的生物体常常暴露于多组分污染物共存的混合体系中，而非简单的单一体系。

生物毒性物质的测定与评价，一般用浮游生物、藻类和鱼类等水生生物，以其形态、运动性、生理代谢的变化或者死亡率做指标来评价环境污染物的毒性。另外，为了现场的应急监测需求，一些快速、简便的现代检测方法逐步发展起来，如发光细菌毒性检测方法、化学发光毒性检测方法等。其中发光细菌因其独特的生理特性，与现代光电检测手段匹配的特点而备受关注。

2. 仪器的检测原理

发光细菌（费歇尔弧菌）综合毒性检测技术是建立在细菌发光生物传感方法基础上的毒性检测技术，它能有效地检测突发性或破坏性的环境污染。发光细菌的发光过程是菌体内一种新陈代谢的生理过程，是光呼吸进程，是呼吸链上的一个侧支，该光的波长在490nm 左右。这种发光过程极易受到外界条件的影响，凡是干扰或损害细菌呼吸或生理过程的任何因素都能使细菌发光强度发生变化。当有毒有害物质与发光细菌接触时，水样中的毒性物质会影响发光菌的新陈代谢，发光强度的减弱与样品毒性物质的浓度成正比。其反应机理如下列化学方程式所示：

$$FMNH_2 + O_2 + R-CHO \xrightarrow{荧光酶} FMN + R-COOH + H_2O + 光$$

概括地说，细菌生物发光反应是由分子氧作用，胞内荧光酶催化，将还原态的黄素单核苷酸（$FMNH_2$）及长链脂肪醛氧化为 FMN 及长链脂肪酸，同时释放出最大发光强度在490nm 左右的蓝绿光。水样的毒性越大，对细菌的发光抑制率则越大，当发光抑制率超出

127

报警限值时，仪器输出报警信号。

3. 仪器的校准

由于该项目暂无国家计量检定规程、国家计量校准规范，也没有公开发布的技术规范，也无书籍、期刊或设备制造商指定的方法，所以在线毒性项目目前只作为指示性参数，定期以有毒物质进行试验。

四、在线重金属仪

1. 在线重金属仪检测技术的概述

国内外应用于水中重金属在线分析的技术主要是比色法和电化学分析方法。比色法又称分光光度法，是化学分析中常用的方法之一。重金属电化学分析方法由海洛夫斯基（MichaeL Heyrovsky，他因发明该方法而获得 1959 年诺贝尔化学奖）发明，后经众多学者优化发展。就水中重金属在线监测产品而言，可检测参数有：镉、铅、铜、锌、砷、汞、六价铬、锰及硫化物。由于国内重金属在线监测起步相对较晚，除六价铬外，其他重金属在线监测产品相对较少，大多数公司主要以代理国外产品为主，仅有少数几个公司具有自主知识产权的在线重金属分析产品。本教材主要介绍电化学分析方法，电化学方法将化学变化和电的现象紧密联系起来，对水中 μg/L 数量级的重金属进行检测时，采用的是电化学溶出分析技术，该技术依据化学变化以及电变化对水中重金属进行精确定量。

2. 仪器的检测原理

仪器基于流动电化学库仑法、库仑滴定法或计时电位法原理设计的。库仑分析包括两个自动步骤。首先，在反应池中预处理一定体积的样品溶液，以消除干扰离子或适当稀释；然后，蠕动泵将处理好的样品送到测量池，同时在工作电极上施加一恒定电位，待测物以还原态沉积到工作电极上。第二步，在工作电极上施加一恒定电流，之前沉积的物质被电解，以氧化态溶解到电解液中，记录并检测此过程中工作电极上的电位变化。每次分析都会自动扣除背景信号，得到真正的样品信号，待测物的浓度通过和标准溶液的对比而自动得到。

3. 仪器的校准

由于国家没有相应的计量检定规程和计量校准规范，只能参考仪器供应商的技术文件，对仪器进行周期校正。根据日常检测范围，配备相应浓度的重金属标准溶液，将标准液输送到仪器进行检测，以确认仪器的测量误差。如不符合误差要求，需要重新校正，校正主要用来检查电极是否正常，尤其是更换新电极后。

五、COD 在线分析仪

1. COD 的定义

COD 是英文 Chemical Oxygen Demand 的缩写，称为化学需氧量，单位为 mg/L。COD 是指在一定条件下，使用强氧化剂氧化水体中的还原性物质所消耗的氧的量。还原性物质包括各种有机物、亚硝酸盐、亚铁盐和硫化物等，最主要的是有机物。COD 是表征水体中还原性物质的一项重要综合性指标，能够反映水体的污染程度，COD 值越大，说明水体受有机物的污染越严重。

2. 仪器的检测原理

COD 的测定方法有化学分析法和仪器分析法两种。而化学分析法根据氧化剂种类的不同，可以分为重铬酸钾法和高锰酸钾法。本教材以锰法化学需氧量（COD_{Mn}）在线分析仪进行介绍，仪器的测量方法就是实验室中的高锰酸钾法，其检测原理主要过程是：样品中加入已知量的高锰酸钾和硫酸，在沸水浴中加热 30min，高锰酸钾将样品中的某些有机物和无机还原性物质氧化，反应后加入过量的草酸钠还原剩余的高锰酸钾，再用高锰酸钾标准溶液回滴过量的草酸纳。由消耗的高锰酸钾量计算相当的氧量，称为高锰酸盐指数（COD_{Mn}），通过计算得到样品中高锰酸盐指数，此方法符合国家标准方法。

3. 仪器的校准

随着被测水样中还原性物质的不同以及测定方法的不同，COD 的测定值也有所不同。迄今为止我国还没有 COD 在线仪器分析的计量检定规程和计量校准规范，因此仪器分析的结果需用标准物质与化学分析法来比对。

六、总磷分析仪

1. 总磷的定义及概述

目前我国许多水体都遭受到严重污染，即使在地表水源丰富的南方都出现了水质性缺水，而造成这种情况出现的主要原因是水体中氮、磷等营养盐类物质过多，水体出现富营养化，藻类水生物疯狂生长，覆盖水体表面，大量藻类死亡后腐烂分解，不仅产生硫化氢等有害气体，同时也会大量消耗水体中的溶解氧，使水体成为缺氧甚至厌氧状态，严重影响水中鱼类的生长。而这种营养盐类物质主要来源之一就是水体中大量的磷和氮元素，因此必须控制水中氮磷的排放，以此来缓解水体富营养化的程度。

水中磷按照能否通过 $0.45\mu m$ 的滤膜面分为溶解性磷（又称可过滤的磷）与悬浮性磷，溶解性磷与悬浮性磷之和就是总磷。

2. 仪器的检测原理

《水质总磷的测定 钼酸铵分光光度法》（GB 11893—1989）规定了用过硫酸钾（或硝酸－高氯酸）为氧化剂，将未经过滤的水样消解，用钼酸铵分光光度测定总磷的方法。

原理及测量过程如下：在中性条件下用过硫酸钾（或硝酸－高氯酸）使试样消解，将所含磷全部氧化为正磷酸盐。在酸性介质中，正磷酸盐与钼酸铵反应，在锑盐存在下生成磷钼杂多酸后，立即被抗坏血酸还原，生成蓝色的络合物。将反应后的水样通过分光光度计测量其吸光度，用吸光度值在事先做好的工作曲线（用配置好的磷标样与对应的吸光度值之间建立曲线）中查取磷的含量，最后用下式计算总含量，以 C 表示。

$$C = \frac{m}{V}$$

式中　m——试样测得的磷含量，μg；

　　　V——测定用试样体积，mL。

3. 仪器的校准

由于国家没有相应的计量检定规程和计量校准规范，只能参考仪器供应商的技术文件，对仪器进行周期校正。根据日常检测范围，配备相应浓度的标准溶液，将标准溶液输送到仪器进行检测，以确认仪器的测量误差。如不符合误差要求，需要重新校正。

第七章　电工仪表

第一节　电工仪表的基本知识

一、电工测量基本概念

电工测量是将被测量的各种电量（如电压、电流、电阻、电功率、电能、频率、相位、功率因数、电感、电容等）和各种磁量（如磁感应强度、磁通量和磁导率等）与作为测量单位的同类电工量进行比较，以确定其大小的过程，这一过程称为电气测量。

用来测量各种电工量的仪器仪表，统称为电工仪表。电工测量不仅具有准确、灵敏、迅速、易操作等优点，而且还可以将电工仪表与其他装置配合在一起进行非电量（如温度、压力、机械量等）的测量。因此，电工测量应用非常广泛。

二、常用电工测量方法

在测量中实际使用的标准量是测量单位的复制体，称为度量器。

在电工测量时，根据被测量与度量器比较方法的不同，测量方法也不相同，由此引起的测量结果的误差大小也不相同。因此，在电工测量中，除了应根据测量对象正确选择和使用电工仪表外，还要选取合理的测量方法，掌握正确的操作技能，才能尽可能地提高测量准确度。常用的电工测量方法主要分为以下三种。

1. 直接测量法

凡能用仪器仪表直接读取被测量值，而无需度量器直接参与的测量方法称为直接测量法。如用电流表测量电流、用频率表测量频率、用功率表测量功率等都属于直接测量法。

直接测量法具有操作简便、读数迅速等优点，但是直接测量法除了受到仪表本身基本误差的限制外，还由于仪表接入被测电路后，仪表的内阻会使被测电路的工作状态发生变化，因而这种测量方法的准确度较低。

2. 间接测量法

间接测量法是指测量时必须首先测出与被测量有关的电量，然后通过计算才能求得被测量数值的方法。例如伏安法测量电阻就属于间接测量法，它是先用电压表和电流表测出电阻两端的电压和通过电阻的电流，然后根据欧姆定律计算出被测电阻值的方法。

间接测量法的准确度比直接测量法的低，但是在准确度要求不高的一些特殊场合使用特别有益，如用间接测量法测量晶体管放大器的直流静态工作点，虽然准确度较低，但是由于其方便快捷，又不会损坏电路板，故得到了广泛应用。

3. 比较测量法

凡在测量过程中需要度量器的直接参与，并通过比较仪表来确定被测量数值的方法称为比较测量法。

根据被测量与度量器比较方式的不同，比较测量法可分为以下 3 种：

（1）零值法。在测量过程中，通过改变标准量，使其与被测量相等（即两者差值为零），从而确定被测量数值的方法称为零值法，又称为平衡法。例如，用电桥测量电阻。

（2）差值法。利用被测量与标准量的微小差值作用于测量仪表，从而确定被测量数值的方法，称为差值法。例如，用不平衡电桥测量电阻。

（3）代替法。在测量过程中，用已知标准量代替被测量，若维持仪表原来的读数不变，则被测量必等于已知标准量，这种测量方法称为代替法。

比较测量法的优点是准确度高，缺点是设备复杂、价格较高、操作麻烦。因此，通常适用于测量要求准确度较高的场合。如欲精确测量电阻值时，应选用直流电桥进行测量。

三、常用电工仪表的分类

电工仪表的种类很多，分类方法也各异。按结构和用途不同，主要分为以下四类。

1. 电工指示仪表

电工指示仪表是指能将被测量转换为仪表可动部分的机械偏转角，并通过指示器直接指示出被测量大小的仪表，又称直读式仪表。电工指示仪表的种类很多，实际中采用的主要分类方法如下：

（1）按工作原理分类。主要有磁电系仪表、电磁系仪表、电动系仪表和感应系仪表四大类。此外，还有整流系仪表、铁磁电动系仪表等。

（2）按使用方法分类。可分为安装式和便携式两类。安装式仪表是固定安装在开关柜或电气设备面板上的仪表，它的准确度一般较同类的便携式仪表低，价格较便携式仪表便宜，广泛应用于发电厂或配电所的运行监护和测量中。便携式仪表是指可以携带的仪表，其准确度一般较高，价格也较贵，广泛用于电气实验、精密测量和实验室中。

（3）按被测电流种类分类。可分为直流仪表、交流仪表和交直流两用仪表 3 类。

2. 电工比较仪表

在测量过程中，通过被测量与同类标准量进行比较，然后根据比较结果才能确定被测量的大小。比较仪表又分为直流比较仪表和交流比较仪表两大类。直流电桥和电位差计属于直流比较仪表，交流电桥属于交流比较仪表。

电工比较仪表的特点是准确度高，但是价格较高，且操作麻烦，适用于精密测量。

3. 电工数字仪表

电工数字仪表是采用数字测量技术，并以数码的形式直接显示出被测量的大小。常用的有数字式电压表、数字式万用表、数字式频率表等。

4. 电工智能仪表

电工智能仪表实质上是由可控仪器经通用接口与计算机连接组成一个系统，测试工作由计算机控制并按预先编制的程序自动进行，适用于大型自动机器设备的实时监测。利用微处理器的控制和计算功能，这种仪器可实现程控、记忆、自动校正、自诊断故障、数据处理和分析运算等功能。电工智能仪表一般分为两大类：一类是带微处理器的智能仪器；另一类是自动测试系统。常用的数字式存储示波器就属于智能式仪表，它是模拟示波器技术、计算机技术和数字化测量技术的综合产物，不仅能对输入电压的波形进行显示和存储，而且可以利用微型计算机强大的数据处理能力对被测波形的各种参数，如最大值、有效值、平均值、频率、前后沿时间等进行测量和计算，并将被测波形及其测量结果直接显示在荧光屏上。同时，它也具备了智能仪器的其他功能，如自检、自控、可程控等。

四、电工仪表的基本组成

由于电工指示仪表历史悠久、结构简单、价格便宜，应用非常广泛，故此处主要介绍电工指示仪表的组成。

虽然电工指示仪表的种类繁多，用途和工作原理各不相同，但是它们的任务却是相同的，都是要把被测的电量或电参数转换为仪表可动部分的机械偏转角，然后用指针偏转角的大小来反映被测量的数值。因此它们在结构上存在相同的组成部分。下面主要介绍所有电工指示仪表共有的组成部分。

电工指示仪表由测量机构和测量线路两大部分组成。

测量机构是整个电工指示仪表的核心，其作用是把过渡电量转换成仪表可动部分的机械偏转角，即测量机构才是电－机械转换装置。各种类型电工指示仪表的测量机构，尽管在结构及工作原理上各不相同，但它们都是由固定部分和可动部分组成的，而且都能在被测量的作用下产生转动力矩，驱动可动部分偏转，从而带动指针指示出被测量的大小，这样就导致它们在结构上也有相同之处。电工指示仪表的测量机构必须包括以下 5 个主要装置：转动力矩装置、反作用力矩装置、阻尼力矩装置、读数装置、支撑装置。

但是测量机构通常只能接受某一过渡电量（如磁电系测量机构就只能接受微小的直流电流），而实际上被测电量往往是种类不一、大小不同的电量，不能直接送入测量机构。因此，必须要有测量线路的参与，测量线路的作用是把各种不同的被测电量按一定比例转换为能被测量机构所接受的过渡电量。测量线路通常由电阻、电容、电感、二极管等电子元件组成。应注意，不同的仪表其测量线路是不相同的，如电流表中采用分流电阻、电压表中采用分压电阻等。为了使仪表指针的偏转角能够正确反映被测量的数值，要求偏转角一定要与被测电量（过渡电量）保持一定的函数关系。

第二节　电工仪表的技术要求

电工仪表是监测电气设备运行情况的主要工具，为了保证测量结果的准确性和可靠性，选用仪表时，主要有以下几方面的技术要求。

1. 有足够的准确度

准确度等级是仪表最主要的技术特性之一。仪表在规定的工作条件下使用时，要求基本误差不超过仪表盘面所标注的准确度等级；当仪表不在规定使用条件下工作时，各影响量（如温度、湿度、外磁场等）变化所产生的附加误差，应符合国家标准中的有关规定。在选择仪表时，仪表既要有足够的准确度，但也不能太高。因为，如果仪表的准确度等级太高，会增加制造成本，同时对仪表使用条件的要求也相应提高；如果仪表的准确度太低，则测量误差太大，不能满足测量的要求。

2. 有合适的灵敏度

在指示类仪表中，灵敏度是指仪表可动部分（指针或光标）偏转角的变化量与被测量的变化量之比。

灵敏度也是电工仪表的重要技术特性之一，其大小取决于仪表的结构和线路。仪表的灵敏度越高，说明通入每单位被测量所引起的偏转角越大，指针达到满刻度位置时所需要的电流越小，也就是满偏电流越小，即仪表的量限越小。所以选择仪表时应综合考虑仪表的灵敏度和量限。

3. 仪表的功耗要小

当仪表接入被测电路时，总要消耗一定的能量，仪表的功率消耗将带来两方面问题。一方面，对于仪表本身而言，由于电功率的消耗将造成测量机构和测量元件的温升，产生附加误差；另一方面，消耗了被测对象的功率会影响被测电路的原有工作状态，特别是在小功率电路中进行测量时，仪表消耗的功率越大，产生的测量误差越大。因此，仪表的功率损耗应尽可能小。

4. 有良好的读数装置

所谓良好的读数装置，是指仪表标度尺的刻度应尽量均匀，以便于读数。如果刻度不均匀，则仪表的灵敏度不是常数，刻度线较密的部分灵敏度较低，读数误差较大；而刻度线较稀的部分，灵敏度较高，读数误差较小。对刻度线不均匀的仪表，应在标度尺上标明其工作部分，如用符号"·"表示读数的起点。一般规定，工作部分的长度不应小于标度尺全长的85%。

5. 有良好的阻尼装置

每种指示仪表都装有阻尼装置，阻尼装置性能的好坏通常用阻尼时间表示。所谓阻尼时间，是指仪表从接入被测电路开始，到指示器（指针或光标）在平衡位置的摆动幅度不大于标尺全长的1%时止的这段时间。不同类型的仪表，其阻尼时间也有所不同，但总的原则是阻尼时间应尽量短，以便迅速读数。质量较好的仪表阻尼时间一般不超过1.5s，普通仪表的阻尼时间也不应超过4s，对于静电系等仪表的阻尼时间不应超过6s。

6. 升降变差要小

在测量过程中，由于仪表的游丝（或张丝）受力变形后不能立即恢复原始状态，更主要的是由于仪表轴尖与轴承间的摩擦力所产生的摩擦力矩会阻碍活动部分的运动，因此即使在外界条件不变的情况下，当被测量由零向上限方向平稳增加和由上限向零方向平稳减少时，同一仪表在两次测量中的指示值也会不同，这两个指示值之间的差值称为仪表的升降变差。一般要求升降变差不应超过仪表基本误差的绝对值。

7. 有一定的过载能力

仪表的过载情况通常有两种：一种是仪表承受缓慢增大的负载以致超过额定值，并保持一定时间，这种过载称为延时过载，如果仪表过载能力差，经过延时过载可能导致内部元件温升过高而损坏；另一种是仪表突然过载且过载现象迅速消失，这种过载称为短时过载，短时过载可能使仪表可动部分因受机械冲击而损坏。在测量中，仪表出现过载情况是难免的，因此要求各种仪表具备一定的过载能力，以延长仪表的使用寿命。

8. 有足够的绝缘强度

为了保证设备和测试人员的安全，仪表必须有足够的绝缘强度，即仪表的线路与外壳间应能承受一定的耐压值。例如，仪表和附件的所有线路与外壳的绝缘应能耐受频率为50Hz的正弦交流电压且历时1min的交流耐压试验。

此外，仪表还应结构简单、牢固可靠，受外界的影响（温度、电磁场）要小，使用方便、造价低廉等。

第三节　常用电工仪表介绍

一、直流电流、电压的测量

测量直流电流和电压的仪表称为直流电流表和直流电压表，常用有指示类和数字式两大类。其核心都是磁电系测量机构。

磁电系测量机构主要由固定的磁路系统和可动的通电线圈组成，是根据通电线圈在磁场中受电磁力矩而发生偏转的原理制成的。

磁电系仪表的优点是：① 准确度高、灵敏度高；② 消耗功率小；③ 刻度均匀，便于读数。

缺点是：① 过载能力小；② 只能测量直流。

1. 直流电流的测量

直流电流表一般都是由磁电系测量机构与分流电阻并联组成的。分流电阻一般采用电阻率较大、电阻温度系数很小的锰铜材料制成。

目前几乎所有的多量程直流电流表都采用闭路式分流电路。

2. 直流电压的测量

直流电压表都是由磁电系测量机构与分压电阻串联组成的。多量程直流电压表通常采用共用式分压电路。

3. 磁电系检流计

磁电系检流计是专门用来测量微小电流或电压的高灵敏度仪表，主要用于以直流电工作的电测仪器（如电位差计、电桥等）中作指零仪使用，有时也用于热分析或光电系统中测量微小的电流值。其特点是灵敏度高。

为了提高检流计的灵敏度，在磁电系测量机构的基础上，通常采用以下措施：① 采用张丝或悬丝支撑代替轴尖轴承结构，以消除摩擦的影响；② 用光标指示装置代替指针。

二、交流电流、电压的测量

企业配电房中配电柜上的仪表几乎全部是交流电流表和交流电压表。测量交流电流和交流电压的仪表称为交流电流表和交流电压表，按照工作原理不同可分为数字式和指示类两大类。在指示类交流电压表和交流电流表中，一部分采用电磁系测量机构，另一部分采用整流系测量机构。

目前，交流电流表和交流电压表的测量机构多采用电磁系测量机构和整流系测量机构两种。由于电磁系仪表具有构造简单、抗过载能力强、价格便宜等优点，所以许多安装式交流电流表和交流电压表仍采用电磁系测量机构。

与磁电系测量机构不同，电磁系测量机构主要由通过被测电流的固定线圈和可动软磁铁片组成。根据其结构形式的不同，又可分为吸引型和排斥型两类。

磁电系测量机构只能用来测量直流电流。如果要测量交流电流，只有加上整流器将交流电变换成直流电后，再送入测量机构，然后找出整流后的电流与输入交流电流之间的关系，就能在仪表标度尺上直接标出被测交流电流的大小。把由磁电系测量机构和整流器组成的仪表称为整流系仪表。整流系交流电压表就是在整流系仪表的基础上串联分压电阻构成的。其中，整流系测量机构是整个仪表的核心。

三、电阻的测量

1. 电阻的分类

电阻的测量在电工测量中占有十分重要的地位，如判断电路的通断、精确测量被测电阻的大小、测量绝缘电阻的数值是否满足要求、测量接地电阻的阻值等。工程中测量的电阻值一般在 $1\mu\Omega \sim 1T\Omega$ 的范围内。为了选用合适的测量电阻的方法，以达到减小测量误差的目的，通常将电阻按阻值的大小分为三类：1Ω 以下为小电阻，$1\Omega \sim 100k\Omega$ 为中电阻，$100k\Omega$ 以上为大电阻。实际生产中，除了可以用万用表的欧姆挡测量电阻之外，还可根据测量的要求采用不同的电工仪表进行测量。如兆欧表、接地电阻表、直流单臂电桥、直流双臂电桥和万用电桥等。

2. 电阻测量方法

测量电阻的方法较多，常用的电阻测量分类方法如表 7-1 和表 7-2 所示。

表 7-1　电阻测量方法（按获取测量结果的方式分类）

测量方法	定　义	优　点	缺　点
直接法	采用直读式仪表测量电阻的方法。如用万用表、兆欧表测量电阻等	方便快捷	准确度较低
比较法	采用比较仪表测量电阻的方法。如用直流电桥测量电阻	准确度高	测量时操作麻烦
间接法	先测量与电阻有关的量，然后利用公式计算出被测电阻的方法，如伏安法测量电阻（即用电压表和电流表分别测得电阻两端的电压和通过电阻的电流，再根据欧姆定律计算出被测电阻）	在一些特殊的场合使用很方便	测量准确度和其他方法相比较低

表 7-2　电阻测量方法（按所使用的仪表分类）

测量方法	适用范围	优　点	缺　点
万用表法	中电阻	直接读数，使用方便，适用于测量各种元器件、电气设备的电阻值	测量误差较大
伏安法	中电阻	能测量工作状态下电气元器件的电阻值，尤其适用于对非线性元件（如二极管）电阻的测量	测量误差较大，且测量结果需计算才能得到
兆欧表法	大电阻	能直接读数，适用方便	测量误差较大
接地电阻表法	接地电阻	测量接地电阻时准确度较高	测量时较麻烦
单臂电桥法	中电阻	准确度高	操作较麻烦
双臂电桥法	小电阻	准确度高	操作较麻烦

四、电功率的测量

在实际生产中，经常会遇到需要测量负载电功率的情况，这时就要用到功率表。目前常用的功率表主要有电动系和数字式两大类，这两类功率表的结构和原理虽然不尽相同，但所用方法却完全相同。

常用的功率表多采用电动系，由于电动系仪表的生产工艺比较复杂，抗干扰能力低，所以近年来利用磁电系表芯做成的变换式功率表。

单相电动系功率表由电动系测量机构和分压电阻组成。在交流电路中，单相电动系功率表指针的偏转角与电路的有功功率成正比。

1. 功率测量方法

（1）直接法：用电动系或数字式的单相功率表测量单相功率。用单相功率表接成两表法或三表法或用三相功率表测量三相功率，两表法或三表法虽然有求和过程，但一般仍将它归为直接法。

一表法适用于测量三相对称负载的有功功率。

两表法适用于三相三线制电路，不论负载是否对称，也不论负载是星形联结还是三角形联结，都能用两表法来测量三相负载的有功功率。

三表法适用于测量三相四线制不对称负载的有功功率。

三相三线有功功率表实际上是由两只单相功率表的测量机构组合而成，故又称为两元件三相功率表。

（2）间接法：直流通过测量电压、电流间接求得功率。交流则需要通过电压、电流和功率因数求得功率。

2. 功率表的功率量程

功率表的功率量程实际上由电流量程和电压量程来决定。所以，功率量程的扩大也就要通过电流量程和电压量程的扩大来实现。

选择功率表量程时，要使功率表的电流量程略大于被测电流，电压量程略高于被测电压。

3. 功率表的接线

功率表的接线有电压线圈前接、后接两种方式。电压线圈前接方式适用于负载电阻比功率表电流线圈电阻大得多的场合，电压线圈后接方式适用于负载电阻比功率表电压线圈支路电阻小得多的场合。无论采用电压线圈前接或者后接方式，其目的都是为了尽量减小测量误差，使测量结果较为准确。

功率表应按照发电机端守则进行接线。发电机端守则的内容是：① 保证电流从电流线圈的发电机端流入，电流线圈与负载串联。② 还要保证电流从电压线圈的发电机端流入，电压线圈支路与负载并联。

有功功率表不仅可以测量有功功率，如果适当改换它的接线方式，还可以用来测量无功功率。

五、电能的测量

电能表的用途是测量一定时间内负载所消耗电能的多少。由于实际生产中常采用度或千瓦小时（kW·h）作为电能的单位，所以，测量电能的仪表称为电能表（俗称电度表）或千瓦小时表。

电能表和功率表在测量负载功率上是完全相同的，只不过电能的测量还需增加计度器，以计算功率的使用时间。因此，对三相电路有功功率测量的各种方法和理论，同样适用于三相有功电能的测量。

生产实际中的三相电能测量，一般都采用三相电能表。三相电能表是根据两表法或三表法的原理，把两个或三个单相电能表的测量机构组合在一只表壳内。三相三线电能表是根据两表法原理，由两只单相电能表的测量机构组合而成的。三相四线电能表是按照三表法的原理，由三只单相电能表的测量机构组合而成的。

电能表与功率表的不同之处在于电能表不仅能反映负载功率的大小，还能计算负载用电的时间，并通过计数器把单位时间内消耗的电能自动地累计起来。

为使仪表能正常工作，电能表要具有较大的转动力矩。目前，测量交流电能时大多采用感应系电能表，这种仪表的转动力矩大，成本低，是一种应用广泛的电工仪表。

单相感应系电能表的主要组成部分有：① 驱动元件；② 转动元件；③ 制动元件；④ 计度器。

近年来，由于电子技术的迅猛发展，现已研制生产出大量各种类型的电子式电能表。电子式电能表与感应系电能表虽然在结构和工作原理上不尽相同，但它们的用途和使用方法却基本相同。

电子式电能表的主要组成部分有：① 输入变换电路；② 乘法器；③ U/f 转换器；④ 计度器。

电能表常数是电能表的一个重要参数，一般在电能表铭牌上加以标注。它表示电能表对应于 1kW·h 的铝盘转动的转数。

选择电能表量程时，应使电能表额定电压与负载额定电压相符，电能表额定电流应大于或等于负载的最大电流。

六、转速的测量

转速表又称为测速仪，在实际生产中，主要用来测量物体旋转的速度。测量电动机及其拖动设备的转速是维修电工常见的测量项目之一。

转速表按其使用方式不同可分为接触式转速表和非接触式转速表；按其工作原理分为离心式和数字式转速表。

离心式转速表属于典型的接触式转速表，使用时必须将探头与被测物体相接触进行测量。由于离心式转速表具有成本低、坚固耐用等优点，故在维修电工中使用较多。离心式转速表主要由离心器、变速器和指示器三部分组成。

光电式转速表的核心是光电式传感器，它是一种能将光信号的变化转换为电信号的传感器，具有结构简单、无需接触、反应快、精度高、不受电磁干扰等优点，在自动控制系统中得到广泛应用。其缺点是易受外界光干扰，不能用于高温环境。

七、功率因数的测量

功率因数是交流电路的重要技术参数之一，功率因数的高低对于电气设备的利用率和分析、研究电能消耗等问题都有十分重要的意义，因此，功率因数表在供、配电系统中使用较广。

目前，安装式功率因数表多采用铁磁电动系测量机构和变换器式结构。其中，变换器式功率因数表具有体积小、质量轻、结构简单、成本低等优点，所以应用较为广泛。

第八章　其他常用仪器设备

第一节　流量检测及仪表

一、流量检测的定义与分类

1. 流量的定义

流量就是单位时间内流经某一截面的流体数量。流量可用体积流量和质量流量来表示，其单位分别用 m^3/h、L/h 和 kg/h 等。流量计是指测量流体流量的仪表，它能指示和记录某瞬时流体的流量值。

2. 流量仪表的分类

工业上常用的流量仪表可分为两大类：

（1）速度式流量计以测量流体在管道中的流速作为测量依据来计算流量的仪表，如差压式流量计、变面积流量计、电磁流量计、漩涡流量计、冲量式流量计、超声波流量计、堰式流量计和叶轮水表等。

（2）容积式流量计以单位时间内所排出的流体固定容积的数目作为测量依据，如椭圆齿轮流量计、腰轮流量计、刮板式流量计和活塞式流量计等。

由于供水行业目前应用较多的是电磁流量计和超声波流量计，所以下文主要论述这两种方式的流量计。

二、电磁流量计

（一）电磁流量计的检测原理

电磁流量计是法拉第电磁感应定律的具体应用，将流量测量转换成感应电势的测量。如图 8-1 所示，是电磁流量计原理图，均匀磁场中垂直于磁场方向放置一个不导磁管道，导电液体在管道中以一定流速流动时切割磁力线，将在与流体流动方向和磁场方向都垂直的方向上产生感应电势。可以证明，当管道直径确定并保持磁场磁感应强度不变时，感应电势与体积流量具有线性关系。在管道两侧插入电极，通过测量感应电势可以实现流量测量。

（二）电磁流量计传感器及附件相关安装设计

1. 传感器安装设计要求

传感器安装场所要求：应避免在电动机、变压器等强电设备附近安装电磁流量计，以免引起电磁场干扰；避免安装在周围有强腐蚀性气体的场所；环境温度应在 $0\sim60℃$ 范围内，应避免阳光直射；仪表应避免强烈振动和过大的温度变化，同时要防止腐蚀性液体的滴漏对仪表造成损害；环境相对湿度宜在 $10\%\sim90\%$ 的范围内；成套设备尽量避免安装在能被雨水直淋或被水浸没的场所，如果流量计只能安装在恶劣环境中，则选择分体式流

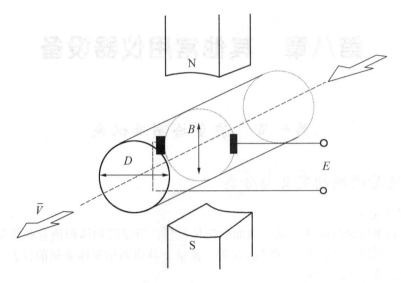

图 8 - 1　电磁流量计原理图

量计，转换器安装在室内或仪表柜内（后述），传感器的外壳防护等级选择 IP68；传感器与转换器之间的距离越短越好，两者距离不得超 100m，传感器和转换器应对号成套安装，参阅传感器铭牌；传感器周围应设防护井，防护井内应预留足够空间方便检修人员进入，并加装钢筋混凝土上盖，表位要做好识别标志，以便查找。

2. 传感器前后直管段要求

单向计量传感器的上游侧直管段长度不小于 5D，下游侧不小于 3D，如果需要双向计量的流量计，传感器两侧直管段应不小于 5D，D 为传感器的名义直径（见图 8 - 2、图 8 - 3），若现场达不到此要求，则要在上游侧安装流动整直器，消除流体中的旋涡，改善流速场的分布，提高仪表的测量精度及稳定性。若在传感器上游侧有两个方向的弯头或其他阻流件，则前置直管段应大于 10D。

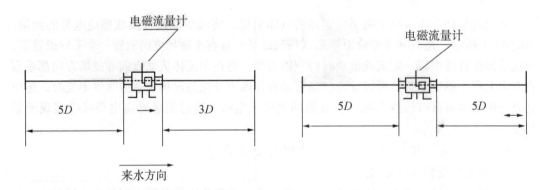

图 8 - 2　单流向电磁流量计前后直管段长度要求　　图 8 - 3　双流向电磁流量计前后直管段长度要求

3. 传感器安装位置要求

传感器可以倾斜或垂直安装，不管采用何种形式的安装，要求测量管内保证充满被测介质，不能有非满管或有气泡聚集在测量管中的现象，不应将传感器安装在管系最高点或下降处，以免有气体积聚。如图 8 - 4 所示。

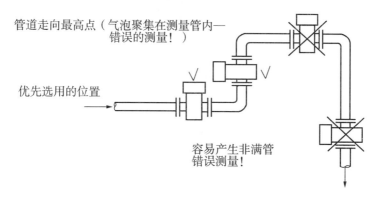

图 8 - 4　传感器安装位置要求

4. 传感器安装前的检查

开包装箱后按清单项目检查所有主件和配件是否齐全及完好；检查传感器法兰、衬里、壳体和出线套有否损伤；打开转换器盒盖，检查接线端子和印刷电路板有无松动或损坏；检查铭牌中型号编码与订货编码是否相符。

5. 传感器的安装

可采用图 8 - 5 的方法对大管径流量计传感器进行正确的吊装，吊装设备的安全载荷及防护措施应符合有关规定，禁止将吊绳穿过传感器测量管起吊（图 8 - 5a），禁止在转换器箱体（一体型流量计）或传感器线盒（分体型流量计）处用绳拴结起吊仪表（图 8 - 5b）。

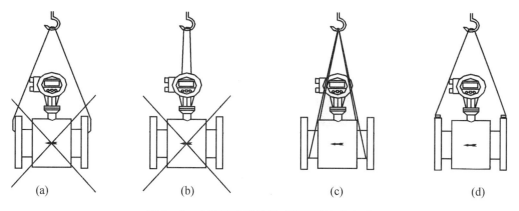

图 8 - 5　大管径流量计传感器吊装注意事项

两只电极的轴线必须在水平方向上，如图 8 - 6 所示。

传感器本身不能作为负重支撑点，它不能支撑毗邻的工作管道，应由夹持它的工作管道承重，同时，传感器安装时应当使其不受过大的拉紧应力，应考虑消除毗邻管道因热膨胀所产生的应力影响。安装传感器时，应保证测量管与工艺管道同轴。对 50 mm 及以下公称通径的传感器，其轴线偏离不超过 1.5 mm，65 ~ 300 mm 公称通径不得超过 2 mm，350 mm 及以上公称通径则不得超过 4 mm。传感器和工艺管之间的连接法兰应加装法兰垫

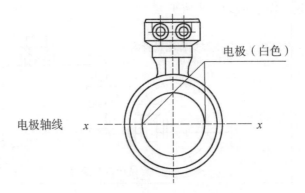

图 8-6　流量计电极安装轴线图

圈，垫圈应有良好的耐腐蚀性能，安装时不得伸入管道内部。由于传感器的法兰与外壳之间的距离有限，连接螺栓应从管道侧穿入，紧固仪表的螺栓、螺母，其螺纹应完整无损，润滑良好，应依据法兰尺寸，力矩大小采用力矩扳手紧固螺栓，必须严格遵守电磁流量计安装指导说明书有关法兰连接时扭矩的数值规定，否则流量计法兰面或衬里反边和垫片很容易损坏，影响测量精度。传感器上标示的箭头方向为水流正方向。在传感器邻近管道进行焊接或火焰切割时，要采取隔离措施，防止衬里受热。焊接时不能碰伤传感器电极（电极为二粒白色金属点）和橡胶衬里。

6. 弹性管件安装要求

为便于大口径（$D_N \geqslant 200$）传感器的安装及拆卸，宜在传感器的下游侧安装伸缩头或弹性管件（见图 8-7）。

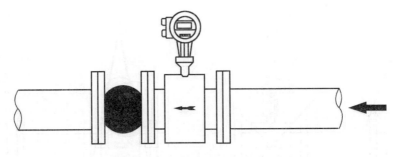

图 8-7　弹性管件安装示意图

7. 连接管管径要求

同流量计上下游连接处管道公称尺寸、公称内径应与流量计相一致。

8. 接地要求

为了确保测量准确和电极不会发生电流腐蚀，传感器必须接地良好及独立接地系统，要求接地电阻小于 10Ω，且传感器和液体处于相同电位。与传感器相连接的管道是塑料管或钢管内壁涂有衬里时，应要求流量计生产厂家提供接地环，并按说明书要求安装（图8-8）。

制作安装地网：在表井四角各打一条 $50mm \times 50mm \times 5mm$（厚），长 2.5m 的等边镀锌角钢作为垂直接地体，间距为 3m，打地深 2m。用 $40mm \times 4mm$ 的扁钢做水平连接体，将四根镀锌角钢连接成矩形状，再用一条 40mm×4mm 的扁钢连通矩形接地电极与传感器法兰，再将传感器法兰与管道法兰用铜芯电缆相连接，保证法兰至法兰和法兰至传感器是连通的，同时用铜芯截面积不少于 6 mm² 的铜线将此地极与转换器的仪表柜连接。

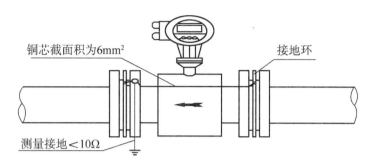

传感器在塑料管道上或有绝缘层、油漆管道上的安装

图 8-8 接地环安装位置示意图

（三）电磁流量计转换器安装设计要求

（1）转换器属现场安装的仪表，作现场流量显示用，它的安装位置应避免日晒雨淋，尽量安装在室内或仪表箱内。

（2）如在雷区，应安装防雷装置（如防雷器等）。分别在电源线和信号线加装电源避雷器和信号避雷器，确保设备安全。

（3）一般情况下转换器与传感器之间有两条电缆，一条是转换器向传感器提供励磁电源的电源线，另一条是传感器向转换器输出的信号线，为了减少交流电对信号线的干扰，要求分别敷设在两条 20mm 镀锌水管内（有的产品是合并一条电缆，则用一条镀锌水管敷设），金属镀锌管应与传感器地网共地连接，并涂上红色油漆标识。

（4）接线时必须根据传感器和转换器对号相配的原则，严格按接线图对号接线，信号线尽可能避免与大动力线平行敷设，不要将电缆在端子盒体内交叉或打环，转换器的电源线缆、励磁电缆、输出和输入信号电缆，分别使用独立的电缆接入口。

（5）接线完毕，应将传感器和转换器出线孔的螺纹套旋紧，使其密封，防止潮气和有害气体的侵蚀。

（四）电磁流量计电源安装设计要求

（1）电磁流量计必须敷接专线专用的 220V 交流电源，以保证正常工作运行，功率不小于 200W。

（2）电源线从电源引入端至仪表柜必须按规定用线管套入敷设，安装控制开关、漏电保护开关，至少配置 220V、10A、3 孔插座 3 个，必要时还要配置电源指示灯。

（3）220V 市电电源线从电源引入端至仪表柜所有电气的安装，必须严格按国家有关电气安装施工规范操作执行；供电线路和输出线的规格必须分别符合过电压等级有关规定要求。

（4）为了有效保证流量数据的连续性，流量计应安装停电（表）计时器，作为今后估算水量的依据。

（5）在无法提供可靠的 220V 用电的环境里，采用电池式电磁流量计。

（五）电磁流量计的特点

电磁流量计的优点：

（1）由子电磁流量计不受液体压力、温度、豁度、电导率等物理参数的影响，所以测量精确度高、工作可靠。

（2）测量管内无阻流件或凸出部分，因此无附加压力损失。

（3）只要合理选择电极材料，即可达到耐腐蚀、耐磨损的要求，因此，使用寿命长，维护要求低。

（4）可以测定水平或垂直管道中正、反两个方向的流量。

（5）输出信号可以是脉冲、电流或频率等方式，比较灵活。

（6）测量范围大，可以任意改变量程。

（7）无机械惯性，因此反应灵敏，可以测量瞬时脉动流量。

电磁流量计的缺点：

（1）电磁流量计造价较高。

（2）信号易受外界电磁干扰。

（3）只能测量导电流体，不能用于测量气体、蒸气以及含有大量气体的液体。

（4）不能测含气泡的流体，易引起电势波动。

（5）由于测量管绝缘衬里材料受温度的限制，目前还不能测量高温高压流体。

三、超声波流量计

（一）超声波流量计的组成及检测原理

1. 超声波流量计的组成

超声波流量计由超声波换能器、电子线路及流量显示和累积系统三部分组成。超声波换能器用来发射和接收超声波；超声波流量计的电子线路包括发射、接收、信号处理和显示电路；测得的瞬时流量和累积流量值用数字量或模拟量显示。

2. 超声波流量计的检测原理

超声波在流体中的传播速度受被测流体流速的影响，超声波流量计就是根据这一点进行流量测量的。根据检测的方式不同，可分为传播速度差法、多普勒法、波束偏移法、噪声法及相关法等不同类型的超声波流量计。传播速度差法的应用最为广泛，如图8-9所示，它通过测量超声波脉冲顺流和逆流传播时速度之差来反映流体的流速，主要用来测量洁净的流体流量，以及杂质含量不高的均匀流体等介质。

（二）超声波流量计的特点

1. 超声波流量计的优点

（1）能用于任何液体，特别是具有高黏性、强腐蚀的非导电性等性能的液体的流量测量，也能测量气体流量。

（2）对于大口径管道的流量测量，不会因管径大而增加投资。

（3）量程比较宽，可达5∶1。

（4）输出与流量之间呈线性等。

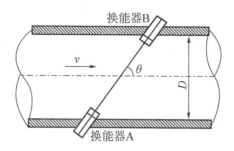

图8-9 超声波测速原理

2. 超声波流量计的缺点

（1）当被测液体中含有气泡或有杂音时，将会影响声的传播，降低测量精度。

（2）超声波流量计实际测定的流体流速，当流速分布不同时将会影响测量精度，故要求变送器前后分别应有 $10D$ 和 $5D$ 的直管段。

（3）它的结构复杂，成本较高。

第二节　物位检测及仪表

储存于容器或生产设备中的液体、粉末或颗粒物以及互不相溶的两种液体之间因密度不等而形成的界面或液体与颗粒物沉积层交界部分的界面等统称为物位。液体在容器或设备/设施内的液面的高低称为液位；若介质为水则称为水位；两种液体或液体与固相沉积层交界线称之为界面；粉末或颗粒物的高度称为料位。物位则是液位或水位、料位、界面的泛称。

一、物位测量方法

生产和科学实验中测量物位的方法和仪器设备种类很多，本书只介绍适用于水处理行业的几种液位计。

（1）直读式物位计。借助于连通器的原理将容器或设备中的液体引出，通过透明材料（玻璃管/板）观察容器中的液位高度；或经过磁翻板、光电器件等将液位高度以更醒目的方式显现出来。

（2）静压力式物位计。根据流体静力学原理，液体介质内某点的静压力与该点上方的介质高度成正比，亦即可以利用静压力测量液位。该方法既可用来测量液位，在某些情况下也可以测量料位。

（3）浮力式液位计。利用漂浮在液面上或部分浸没于液体中的浮子随液面变化的特点测量液位。前者称为恒浮力法，后者称为变浮力法，二者都可以用来测量液位或两种密度不同液体的界面。

（4）电学式物位计。利用电容、电阻、电感等电气参数随液位变化的原理测量液位或物位。最简单的接点式液位信号器，其传感元件只是一对电极。

（5）光学式物位计。利用可见光束或红外光束照射到介质界面被反射和折射的现象测量物位。

（6）声学式物位计。利用超声波在介质中的传播速度及在不同相界面之间的反射特性检测液位和料位。

（7）雷达式物位计。利用雷达波的不同特点进行测量，主要有脉冲雷达、调频连续波和导播雷达等测量法，可以测量液位、料位和界面。

此外还有基于机械振动、射频导纳、磁致伸缩、放射线等原理制作的物位计。水处理工程中常用的液位（水位）测量仪表有压力式（静压式或差压式）、超声波式、电容式、光电式等多种。限于篇幅，本书只着重介绍压力式（静压式或差压式）和超声波式液位计的原理。

二、压力式液位计

压力式液位计分静压式和差压式两大类，都是基于液体内部压强与液柱高度成正比的原理制成的。由于传感器制造工艺的发展，压力或压差传感器的精度可以达到 0.5% 甚至更高；稳定性和寿命都基本上能满足大多数工业测量的需求。特别是因其结构简单，很少有活动部件，故障率较低，因而广泛应用于流程工业。

静压式液位测量方法是根据液柱静压与液柱高度成正比的原理实现的，通过测量液柱产生的静压力来推算液柱高度。差压式液位测量原理与静压式原理相同，都是利用测量液柱压力的方式间接测量液柱高度，不同之处仅在于差压式液位计是测量容器底部或任意高度上的液体压强与气相压强之间差值，反映容器内的液位高度。

选用时需要注意的是，除量程需符合工艺要求外，变送器的工作压力也必须与工艺一致。

三、超声波式液位计

物位（液位、料位等）的测量是超声学应用于工程中的成熟技术。应用超声波测量物位主要利用其测距功能，所有方法不外乎脉冲回波法、连续波调频法、相位法等多种，目前常用的是脉冲回波法。

超声波液位计测量物位的原理是：声波穿过不同介质的分界面时会产生反射，反射波的强弱取决于分界面两侧介质的声阻抗，两介质声阻抗差别愈大，反声波愈强。当声波从气体传播到液位或固体时，由于两种介质的声阻抗相差悬殊，声波几乎全部被反射；反之，当声波从液位或固体传到气体时亦然。

超声波液位计的工作原理就是基于声波在界面处被反射的物理现象。从原理上讲，采用超声波测量液位属于非接触式测量，优点很多，用途十分广泛。但在实际使用过程中，必须注意避免影响测量精度的情况发生。由于测量结果与声速有直接关系，因此必须考虑使用环境对声速造成的影响。例如，介质温度、介质组成成分的变化以及界面异物等，都会影响测量精度。除此以外，超声波液位计有一定盲区，选用量程时需加注意。

第三节　温度检测及仪表

一、温度测量的基本概念

1. 温度的定义及温标

温度的概念是建立在热平衡基础之上的，是表征物体冷热程度的物理量。温度是一个抽象的概念，因而不能直接测量，只能通过温度不同的物体之间的热交换或者物体的某些物理性质随温度变化而变化的特性进行间接测量。

用来量度物体温度数值的标尺叫温标。它规定了温度的读数起点（零点）和测量温度的基本单位。目前国际上主要使用的温标有华氏温标和摄氏温标。

华氏温标（℉）规定：在标准大气压下，冰的融点为32℃，水的沸点为212℃，中间划分180等份，每等份为华氏1度，符号为℉。

摄氏温标（℃）规定，在标准大气压下，冰的融点为0℃，水的沸点为100℃，中间划分100等份，每等份为摄氏度1度，符号为℃。

2. 测温仪表的分类

从测温方式的角度来看大体可以把温度测量仪表分成两类：接触式测温仪表和非接触式测温仪表。这两类测温仪表的分类如图8-10所示。接触式测温仪表在测温过程中测温元件与被测物体相接触，通过热传递来测量物体温度。这类温度计结构简单、可靠性好，测量精度较高。非接触式测温仪表元件和被测物体不接触，通过测量物体的辐射能来判断物体温度。这类仪表测量响应快，测温范围广，不会破坏被测物体温度场；但由于辐射能在传递过程中受到物体的发射率、测量距离、烟尘和水汽等外界因素的影响较大，使此类仪表的测量误差较大。由于热电偶与电阻式的温度计应用较广，所以本文主要介绍这两款仪表。

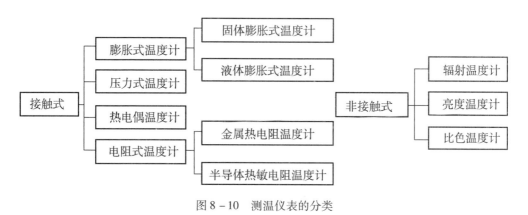

图8-10　测温仪表的分类

二、热电偶温度计

热电偶温度计是工业生产自动化领域应用最广泛的一种测温仪表，某些高精度的热电偶被用作复现热力学温标的基准仪器。热电偶是整个热电偶温度计的核心元件，能将温度信号直接转换成直流电势信号，便于温度信号的传递、处理、自动记录和集中控制。热电偶温度计具有结构简单、使用方便、动态响应快、测温范围广、测量精度高等特点。一般情况热电偶温度计被用来测量 $-200 \sim 1600℃$ 的温度范围，某些特殊热电偶温度计可以测量高达 $2800℃$ 的高温或低至 $4K$ 的低温。

1. 热电偶温度计的组成及检测原理

热电偶温度计由热电偶、显示仪表及连接两者的中间环节组成。热电偶是热电偶温度计的检测元件即传感器。将两种不同材质的导体或半导体构成如图 8 - 11 所示的闭合回路，该闭合回路称为热电偶。构成热电偶的两种不同材料称为热电极。热电极有两个连接点：其中一个连接点在工作时插入被测温度场，感受被测温度信号，称该点为测量端、工作端或热端；另一个连接点在工作时一般处于周围环境中，称为参比端、自由端、固定端或冷端。当导体 A 与 B 的两个接点 t 与 t_0 之间存在温差时，两者之间便产生电动势，因而在回路中形成一定大小的电流，这种现象称为热电效应。热电偶就是利用这一效应来工作的。

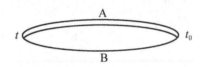

图 8 - 11　热电偶的结构原理

2. 热电偶常见故障原因及处理方法

热电偶常见故障原因及处理方法见表 8 - 1。

表 8 - 1　热电偶常见故障原因及处理方法

故障现象	可能原因	处理方法
热电势比实际值小（显示仪表指示值偏低）	热电极短路	找出短路原因，如因潮湿所致，则需进行干燥；如因绝缘子损坏所致，则需更换绝缘子
	热电偶的接线柱处积灰，造成短路	清扫积灰
	补偿导线间短路	找出短路点，加强绝缘或更换补偿导线
	热电偶热电极变质	在长度允许的情况下，剪去变质段重新焊接，或更换新热电偶
	补偿导线与热电偶极性接反	重新接正确
	补偿导线与热电偶不配套	更换相配套的补偿导线
	热电偶安装位置不当或插入深度不符合要求	重新按规定安装
	热电偶冷端温度补偿不符合要求	调整冷端补偿器
	热电偶与显示仪表不配套	更换热电偶或显示仪表使之相配套

续表 8 - 1

故障现象	可能原因	处理方法
热电势比实际值大（显示仪表指示值偏高）	热电偶与显示仪表部配套	更换热电偶或显示仪表使之相配套
	补偿导线与热电偶不配套	更换补偿导线使之相配套
	有直流干扰信号进入	排除直流干扰
热电偶热电势误差大	热电偶接线柱与热电极接触不良	将接线柱螺丝拧紧
	热电偶测量线路绝缘破损，引起断线短路或接地	找出故障点，修复绝缘
	热电偶安装不牢或外部震动	紧固热电偶，消除震动或采取减震措施
	热电极将断未断	修复或更换热电偶
	外界干扰（交流漏电，电磁场感应等）	查出干扰源，采取屏蔽措施
	热电极变质	更换热电极
	热电偶安装位置不当	改变安装位置
	保护管表面积灰	消除积灰

三、热电阻温度计

测量温度较低时，热电偶产生的热电势较小，测量精度较低。因此，中低温区常采用热电阻温度计测量温度。热电阻是整个热电阻温度计的核心元件，能将温度信号转换成电阻的变化，它的主要特点是测量精度高，性能稳定。其中铂热电阻的测量精确度是最高的，它不仅广泛应用在工业测量，而且被制成标准的基准温度计。

1. 热电阻温度计的检测原理

热电阻测温是基于金属导体的电阻值随温度的增加而增加这一特性来进行温度测量的。

2. 热电阻故障原因及处理方法

热电阻常见故障原因及处理方法如表 8 - 2 所示。

表 8 - 2 热电阻常见故障原因及处理方法

故障现象	可能原因	处理方法
显示仪表指示值比实际值低或指示值不稳	保护管内有金属、灰尘，接线柱间脏污或热电阻短路	除去金属，清扫灰尘、水滴等，找到短路点、加强绝缘等
显示仪表指示无穷大	热电阻或引线断路，接线端子松开	更换电阻体，或焊接、拧紧接线螺钉等

故障现象	可能原因	处理方法
阻值 - 温度关系发生变化	热电阻丝材料受腐蚀氧化	更换热电阻
仪表显示负值	显示仪表与热电阻接线错或电阻断路	改正接线，或找到断路处，加强绝缘

第四节　压力检测及仪表

压力是工业生产中的重要参数之一，为了保证生产正常运行，必须对压力进行监测和控制。但需说明的是，工程上所说的"压力"，实际上是物理概念中的"压强"，即垂直作用在单位面积上的力。

在压力测量中，常有绝对压力、表压力、负压力或真空度之分。所谓绝对压力是指被测介质作用在容器单位面积上的全部压力，用符号 P_j 表示。用来测量绝对压力的仪表称为绝对压力表。地面上的空气柱所产生的平均压力称为大气压力，用符号 P_q 表示。用来测量大气压力的仪表叫气压表。绝对压力与大气压力之差，称为表压力，用符号 P_b 表示，即 $P_b = P_j - P_q$。当绝对压力值小于大气压力值时，表压力为负值（即负压力），此负压力值的绝对值，称为真空度，用符号 P_z 表示。用来测量真空度的仪表称为真空表。既能测量压力值又能测量真空度的仪表叫压力真空表，本文以此种压力表介绍其常见故障及处理方法。

一、压力的分类

根据压力测量原理，压力表可分为液柱式、弹性式、电阻式、电容式、电感式和振频式等压力表。弹性式压力表是生产应用中使用最广泛的一种压力表，本文以此种压力表介绍其常见故障及处理方法。

二、压力表的常见故障及处理方法

压力表常见故障及处理方法如表 8 - 3 所示。

表 8 - 3　压力表常见故障及处理方法

故障现象	可能原因	处理方法
压力表无指示	导压管上的切断阀未打开	打开切断阀
	导压管堵塞	拆下导压管，用钢丝疏通，用压缩空气或蒸汽吹洗干净
	弹簧管接头内污物淤积过多而堵塞	取下指针和刻度盘，拆下机芯，将弹簧管放到清洗盘中清洗，并用钢丝疏通
	弹簧管裂开	更换新的弹簧管
	中心齿轮与扇形齿轮牙齿磨损过多，以致不能啮合	更换两齿轮

故障现象	可能原因	处理方法
指针抖动大	被测介质压力波动大	关小阀门开度
	压力计的安装位置震动大	固定压力计或在许可的情况下把压力计移到震动较小的地方，也可装减震器
压力表指针有跳动或呆滞现象	指针与表面玻璃或刻度盘相碰有摩擦	矫正指针，加厚玻璃下面的垫圈或将指针轴孔增大一些
	中心齿轮轴弯曲	取下齿轮在铁镦上用木锤矫正敲直
	两齿轮啮合处有污物	拆下两齿轮进行清洗
	连杆与扇形齿轮间的活动螺丝不灵活	用锉刀锉薄连杆厚度
压力去掉后，指针不能恢复到零点	指针打弯	用镊子矫直
	游丝力矩不足	脱开中心齿轮与扇形齿轮的啮合，反时针旋动中心轴以增大游丝反力矩
	指针松动	校验后敲紧
	传动齿轮有摩擦	调整传动齿轮啮合间隙
压力指示值误差不均匀	弹簧管变形失效	更换弹簧管
	弹簧管自由端与扇形齿轮、连杆传动比调整不当	重新校验调整
指示偏高	传动比失调	重新调整
指示偏低	传动比失调	重新调整
	弹簧管有渗漏	补焊或更换新的弹簧管
	指针或传动机构有摩擦	找出摩擦部位并加以消除
	导压管线有泄漏	逐段检查管线，找出泄漏之处给予排除
指针不能指示到上限刻度	传动比小	把活节螺丝向里移
	机芯固定在机座位置不当	松开螺丝将机芯反时针方向转动一点
	弹簧管焊接位置不当	重新焊接

三、压力变送器

若需要进行远距离压力显示时，一般使用压力变送器进行传输。压力变送器主要由测压元件传感器（也可称作压力传感器）、测量电路和过程连接件三部分组成。它能将测压元件传感器感受到的气体、液体等物理压力参数转变成标准的电信号（如 $4 \sim 20mA$ DC 等），以供给指示报警仪、记录仪、PLC 等仪器进行测量、指示和过程调节。随着集成电路的广泛应用，使得微处理器在各个领域中的应用比较普遍，新型的智能压力变送器就是在普通压力或差压变送器的基础上增加微处理器电路而形成的智能检测仪表。目前，智能压力变送器主要有两种形式：电容式压力变送器和扩散硅式压力变送器。

1. 电容式压力变送器

电容式压力变送器是根据变电容原理工作的压力检测仪表，是利用弹性元件受压变形来改变可变电容器的电容量从而实现压力 – 电容的转换。

电容式压力变送器具有结构简单、体积小、动态性能好、电容相对变化大、灵敏度高等优点，因此获得广泛应用。电容式压力变送器由检测环节和变送环节组成。检测环节将感应被测压力的变化转换成电容量的变化；变送环节则将电容变化量转换成标准电流信号 $4 \sim 20$mA DC 输出。

2. 扩散硅式压力变送器

扩散硅式压力变送器，其实质是以硅杯压阻传感器为核心的变送器。它以 N 型单晶硅膜片作敏感元件，通过扩散杂质，使其形成 4 个 P 型电阻，并组成电桥。当膜片受压力后，由于半导体的压阻效应，电阻阻值发生变化，使电桥由相应的输出的工作原理来工作的。

附件1 主要在线水质仪器管理维护规程

1.1 在线余氯仪管理维护规程

1.1.1 保持仪器外观清洁。

1.1.2 按仪器说明书要求，保证仪器水样给排的连续性。水样过大、过小或有气泡和不连续现象，都会影响仪器的正常测量。仪器不能无水运行。

1.1.3 用于监测待滤水过后的仪器每周清洗两次以上比色室或测量电极。

1.1.4 用于监测待滤水前（含待滤水）的仪器每周清洗 3 次以上比色室或测量电极。

注意：用不脱毛的软布或脱脂棉清洗。较长时间停水、停用仪器后重新开机要清洗取样室。

1.1.5 及时到现场解决仪器出现的故障和读数异常现象，现场无法处理的问题及时通知仪器仪表公司相关人员。

1.1.6 每日选取一段余氯浓度比较稳定的水样，取水样时，一定要与在线仪器同时取样，记下在线仪器在取样后 2～3min 之内的显示结果，与便携式余氯仪测得的余氯值对比。如相对误差超过 ±10%，在确认便携式仪器本身测量准确的条件下，仔细检查在线仪器的水样是否正常，仪器检测室或电极是否洁净完好，经维护处理后再作比对，如相对误差还是超过 ±10%，严格按现行有效的校准规范校准仪器。

注意：用便携式余氯仪测量时，调零和测量要用同一只试管。

1.1.7 正常使用情况下，每年由具备校准员上岗证的人员定期校准一次余氯仪。

1.1.8 校准方法：配备一定量余氯值为 2.5mg/L 的氯标准溶液，将该标准液输送到仪器进行测量，待仪器读数稳定后，输入标准值。

1.1.9 及时清理堵塞的导管，更换老化的导管。

1.1.10 每月及时更换用完的指示剂和缓冲剂及其他试剂。

1.2 在线浊度仪器管理维护规程

1.2.1 保证仪器有足够而平稳的连续水样。水样过大、过小或有气泡和不连续现象，都会影响仪器测量的准确性。

1.2.2 每星期至少排空并清洗一次消泡水箱。

清洗步骤：

A. 关掉进样水流，取下机头，从底部将机身内的水排空。

B. 取出消泡器，在底部塞上排水阀并加入少许稀氯液（25mL 家用漂白粉加 3.78L 水）用刷子擦洗，取下排水阀用水冲洗机身，将阀洗净后塞入原位。

C. 用刷子及稀氯液清洗消泡器，更换垫圈及 O 型封环后将其复位。

D. 将机头复位。

1.2.3 每星期清洁一次该仪器的光学部件，包括光源（即灯泡）、凸镜和光室窗。

清洗注意事项：

A. 清洁灯泡和凸镜时，可用脱脂棉蘸少许95%乙醇擦拭。

B. 清洗光室窗时，可用脱脂棉蘸少许中性洗涤液擦洗，若有矿物质垢可用少许弱酸液擦洗后用洗涤剂清洗。

1.2.4　及时到现场处理仪器出现的故障警告信号和读数异常现象，无法现场解决的问题及时通知仪器仪表公司相关人员。

1.2.5　正常使用情况下，每年由具备校准员上岗证的人员定期校准一次浊度仪。

1.2.6　每日选取一段浊度比较稳定的水样，取水样时，一定要与在线仪器同时取样，记下在线仪器在取样后2～3min之内的显示结果，与便携式/台式浊度仪测得的浊度值对比。如相对误差超过±10%，在确认便携式/台式浊度仪本身测量准确的条件下，仔细检查在线仪器的水样是否正常，仪器探头灯泡是否洁净完好、光亮，经维护处理后再作比对，如相对误差还是超过±10%，由具有校准员上岗证的人员严格按校准规范校准仪器。

1.2.7　注意：用便携式/台式浊度仪测量时，保证试管干净、透明度良好。

1.2.8　校准方法：配备2000mL浊度值为20.0 NTU转入仪器校准箱，摇匀，将仪器的取样探头从水箱取下，放入校准箱，等仪器读数稳定后，根据仪器的提示输入标准值。

1.2.9　新装或经维修后的仪器需经校准后方可投入使用。

1.3　在线pH计管理维护规程

1.3.1　保持仪器外观清洁。

1.3.2　保证仪器有足够而平稳的连续水样。如有堵塞或有不连续现象，要及时处理。仪器不能无水运行。

1.3.3　测量电极和参比电极要保持浸润，不能干燥，不能暴露在空气中。

1.3.4　保证参比电极内的电解液连续有效。电解液供给不正常时，仪器读数将会飘忽不准确。

1.3.5　每星期清洗电极两次以上。如果电极灵敏度已降低，可用0.1mol/L稀盐酸浸泡使之活化后用水冲洗干净。

1.3.6　及时到现场解决仪器出现的故障和读数异常现象，无法现场解决的问题及时通知仪器仪表公司相关人员。

1.3.7　每日选取一段pH比较稳定的水样，取水样时，一定要与在线仪器同时取样，记下在线仪器在取样后1～2min之内的显示结果，与便携式pH计测得的pH值对比。如相对误差超过±5%，在确认便携式仪器本身测量准确的条件下，仔细检查在线仪器的水样是否正常，仪器检测室或电极是否洁净完好，经维护处理后再作比对；如相对误差还是超过±10%，应严格按现行有效的校准规范校准仪器。

1.3.8　正常使用情况下，每年由具备校准员上岗证的人员定期校准一次pH计。

1.3.9　新装或维修后的仪器需经校准后方可投入使用。

附件2 便携式水质检测仪器使用维护操作规程

1　便携式余氯仪使用维护操作规程

1.1　PCⅡ余氯仪

低量程（LR）0.02～2.00mg/L

1.1.1　先用待测样品清洗试样瓶（使用LR量程样品瓶），将10mL试样（空白）加到试样瓶刻度线，盖上容器盖。擦干净试样瓶上的水迹及指印。

1.1.2　按下电源开关按键 。显示屏内箭头指向LR标志时，表示属于低量程测量。

1.1.3　取出仪器上盖，把试样瓶放进容器室内，使试样瓶上的菱形标记对准仪器的按键方向。然后把上盖竖着盖上。

1.1.4　按下置零按键 ，置零后，随即移除空白试样。

1.1.5　在空白试样瓶中添加一粒DPD总氯药剂。盖好盖子，轻轻摇20s。待药剂溶解，气泡消失。反应完全后，擦拭瓶身的水珠和指印，把试样瓶放入容器室内，盖好仪器上盖。

1.1.6　按下测试按键 ，显示结果。

1.1.7　测量完成后，清洗试样瓶，禁止试样瓶存放时装有样品。

高量程（HR）0.1～8.0mg/L

1.1.8　更换量程的方法：打开电源后，按 键，然后再按一次 键，可以在LR与HR两个量程之间互换，再按一次 键，退出设置模式。

1.1.9　先用待测样品清洗试样瓶（使用HR量程样品瓶），将10mL试样（空白）加到试样瓶刻度线，盖上容器盖。擦干净试样瓶上的水迹及指印。

1.1.10　按下电源开关按键 。显示屏内箭头指向HR标志时，表示属于高量程测量。

1.1.11　取出仪器上盖，把试样瓶放进容器室内，使试样瓶上的菱形标记对准仪器的按键方向。然后把上盖竖着盖上。

1.1.12　按下置零按键 ，置零后，随即移除空白试样。

1.1.13　在空白试样瓶中添加两粒DPD总氯药剂。盖好盖子，轻轻摇20s。待药剂溶解，气泡消失。反应完全后，擦拭瓶身的水珠和指印，把试样瓶放入容器室内，盖好仪器上盖。

1.1.14　按下测试按键 ，显示结果。

1.1.15　测量完成后，清洗试样瓶，禁止试样瓶存放时装有样品。

1.2　Lamotte 1200 余氯仪

1.2.1　先用待测样品清洗试样瓶，将 10mL 试样（空白）加到试样瓶刻度线，盖上容器盖。擦干净试样瓶上的水迹及指纹。

1.2.2　将试样瓶装入容器室内，使容器上的指示线与比色计上的箭头成一线。盖上仪器盖子。

1.2.3　按下 [READ] 键，开启仪器。按下 [ZERO] 键并保持 2s，直到显示屏显示 BLA 字样，松开按键读数为 0。

1.2.4　往完成空白实验的试样瓶添加一粒 DPD 总氯药剂。盖好盖子，轻轻摇 20s。待药剂溶解，气泡消失。

1.2.5　将试样瓶装入容器室，使试样瓶上的指示线与比色计上面的箭头成一线。盖上盖子。

1.2.6　按下 [READ] 键，2s 后出现结果。

1.2.7　测量完成后，清洗试样瓶，禁止试样瓶存放时装有样品。

1.2.8　关机时，只要长按 [READ] 键，保持 2s，松开按键，屏幕显示 OFF，即表示关机。

1.3　P15plus 余氯仪

1.3.1　使用 ON/OFF 键打开仪器，屏幕显示"CL2"。

1.3.2　先用待测样品清洗样品池，往样品池中倒入水样至 10mL 刻度线，并盖好盖子。将样品池的三角形标志，对准样品池座上的三角形位置，插入样品池座中，直到卡位处为止。

1.3.3　按下 ZERO/TEST 键，屏幕将会交替显示（CL2，0.0.0，CL2，0.0.0），空白实验完成后，屏幕数字固定在 0.0.0.。

1.3.4　往完成空白实验的样品池中加入一颗 DPD 总氯药剂，并用附带的搅拌棒捣碎。

1.3.5　捣碎药丸后，盖好盖子，轻轻摇晃，使水样与 DPD 混合反应。

1.3.6　待 DPD 完全溶解后（样品中没有气泡），擦干净样品池外壁的水痕或指印，迅速将样品池放入样品池座，将样品池的三角形标志，对准样品池座上的三角形位置，插入样品池座中，直到卡位处为止。

1.3.7　按下 ZERO/TEST 键。

1.3.8　"CL2"标志显示 3s 后，屏幕会以 mg/L 为单位显示总氯含量。

1.3.9　测量完成后，马上清洗试样瓶，禁止试样瓶存放时装有样品。

1.3.10　按下 ON/OFF 键关闭仪器。

2　浊度仪使用维护操作规程

2.1　2100Q/2100P 浊度仪

2.1.1　仪表容器室内需保持干燥，仪表使用前需检查容器室内情况，如有水滴，用不掉毛面纸或软布吸干才可开机操作。按下电源键 [ ] 开启仪表。

2.1.2　先用待测样品清洗试样瓶，将试样加到试样瓶刻度线（大约 15mL），盖上容器盖。

2.1.3 手执瓶颈处，擦干净试样瓶身上的水迹及指纹，必要时，可以涂上一滴硅油后，再擦净。

2.1.4 将试样瓶插入仪器的容器室内，试样瓶菱形标记与容器室前面凸起的定向标记对齐，关上盖子。

2.1.5 按下读取键，显示屏显示"正在稳定处理"，浊度结果以 NTU 为单位表示。

2.1.6 测量完成后，清洗试样瓶，禁止试样瓶长时间装有水样。

2.1.7 水源水与自来水分别用专用样品瓶，区别对待，防止混用。

2.2 2100N 浊度仪

2.2.1 接通电源，按仪器背面开关。

2.2.2 仪器进入自检，显示 8888 → 2100 → PI. 2 → 0.0××，自检结束。开机自检过程中须保持关盖。

2.2.3 预热 30min 以上（显示 0.0×× 为空气浊度值），待空气浊度值稳定后才能开始测量。

2.2.4 将水样摇匀，倒入仪器配套的样品瓶中涮洗一次，液面高过瓶身上的横线，手执瓶颈处，用柔软的布或纸轻轻擦净瓶身（必要时沾取硅油擦净，避免瓶身上留下指纹或刮痕），轻轻放入样品槽中，瓶上三角尖对准槽沿上小棱条。

2.2.5 按 ENTER 键；待数值稳定后读数，记录。

2.2.6 测量完成后，清洗试样瓶，禁止试样瓶长时间装有水样。

2.2.7 水源水与自来水分别用专用样品瓶，但要区别对待，防止混用。

3 pH 计使用维护操作规程

3.1 SG2/MP120 pH 计

3.1.1 按下 ① 键开启仪器，将电极放于样品溶液中，按 ⓡ 键开始测量。测量过程中，小数点会闪动。仪表默认的测量终点方式是自动终点判断方式（屏幕上有 **A** 图标显示）。当测量结果稳定后，测量停止，小数点不再闪动，同时 **/A** 显示在屏幕上，记录读数。

3.1.2 在日常使用中，只需使用 ① 键和 ⓡ 键，其他按键不用使用，尤其是 CAL 键，如果误按了 CAL 键，就立刻按 MODE/EXIT 键即可。

3.1.3 电极需始终存放在 4mol/L 的 KCl 存储液中，可塞入棉花保持湿润（棉花需定期更换，保持洁净）。为了获得最大精度，任何附着或凝固在电极外部的填充液均应用蒸馏水及时除去。

4 溶解氧仪使用维护操作规程

4.1 YSI 550A 便携溶解氧仪

溶解氧仪使用前必须先进行标定，以下是标定步骤：

4.1.1 确定仪器标定室内的海绵是湿润的。把探头插入标定室。

4.1.2 打开仪器，等待 15～20min，进行预热。

4.1.3 同时按下并释放上箭头和下箭头键，进入标定菜单。

4.1.4 按下 Mode 键，直至"％"出现在屏幕右侧。然后按下 ENTER 键。

4.1.5 继续按下 ENTER 键，直到 CAL 显示在屏幕左下角，右下端则显示校正值，主显示栏则显示溶解氧读数（标定前）。

4.1.6 一旦当前溶解氧读数稳定，按下 ENTER 键。

4.1.7 继续按下 ENTER 键，直到仪器将返回正常操作状态，标定步骤完成。

溶解氧测量步骤：

4.1.8 将探头插入待测水样中。

4.1.9 持续搅拌或在水样中晃动探头。

4.1.10 等温度和溶解氧读数稳定，记下读数。

4.1.11 每次使用后用干净的水清洗探头，插回放有湿润棉花的标定室内，棉花需长期保持干净、湿润。

参考文献

1　周军. 电气控制及 PLC［M］. 北京：机械工业出版社，2001.

2　巫莉. 电气控制与 PLC 应用［M］. 北京：中国电力出版社，2010.

3　王阿根. 电气可编程控制原理与应用智能电器［M］. 2 版. 北京：清华大学出版社，2010.

4　钱晓龙，李鸿儒. 智能电器与 MicroLogix 控制器［M］. 北京：机械工业出版社，2003.

5　李凤阁，佟为明. 电气控制与可编程序控制器应用技术［M］. 北京：机械工业出版社，2007.

6　钱晓龙，李晓理. ControlLogix 系统在给水处理行业中的应用［M］. 北京：机械工业出版社，2011.

7　钱晓龙，姜恺. ControlLogix 系统在污水处理行业中的应用［M］. 北京：机械工业出版社，2011.

8　蔡杏山，刘凌云，刘海峰. 零起步轻松学 PLC 技术［M］. 北京：人民邮电出版社，2009.

9　严盈富. 监控组态软件与 PLC 入门［M］. 北京：人民邮电出版社，2006.

10　张根宝. 工业自动化仪表与过程控制［M］. 4 版. 西安：西北工业大学出版社，2008.

11　黄惟一，胡生清. 控制技术与系统［M］. 2 版. 北京：机械工业出版社，2006.

12　吕武轩. 水工业仪表自动化［M］. 北京：化学工业出版社，2011.

13　贺令辉. 电工仪表与测量［M］. 2 版. 北京：中国电力出版社，2011.

14　人力资源和社会保障部教材办公室. 电工仪表与电气测量［M］. 北京：中国劳动社会保障出版社，2011.

15　张金松. 净水厂技术改造实施指南［M］. 北京：建筑工业出版社，2008.

16　王森. 在线分析仪器手册［M］. 北京：化学工业出版社，2008.

17　乐嘉谦. 仪表工手册［M］. 2 版. 北京：化学工业出版社，2012.

18　王树青，乐嘉谦. 自动化与仪表工程师手册［M］. 北京：化学工业出版社，2010.